高等职业教育系列教材

EDA 基础与应用

第2版

主　编　于润伟
副主编　朱晓慧
参　编　黄一平　张晓峰　吕　燕

机械工业出版社

本书从初学者的角度出发，介绍了 EDA 技术的基础知识、EDA 开发软件 QuartusⅡ 14.0（64 位操作系统）的使用方法、VHDL 硬件描述语言的语法规则，针对 EDA 技术的特点，通过设计比较器、编码器、计数器、寄存器、数码显示器、分频器、计时器、电子密码锁和智力竞赛抢答器等典型电路，从入门、熟练、应用和发展 4 个层次来阐述 EDA 技术，使读者感到易学、易懂。书中所有程序均在 EDA 开发平台上通过调试。

本书注重精讲多练、先进实用，可作为高职高专院校应用电子技术、电子信息技术等专业的教材，也可作为相关技术人员的入门参考书。

本书配有授课电子课件，需要的教师可登录 www.cmpedu.com 免费注册，审核通过后下载，或联系编辑索取（QQ：1239258369，电话：010-88379739）。

图书在版编目（CIP）数据

EDA 基础与应用 / 于润伟主编. —2 版. —北京：机械工业出版社，2015.8（2023.7 重印）
高等职业教育系列教材
ISBN 978-7-111-50408-5

Ⅰ. ①E… Ⅱ. ①于… Ⅲ. ①电子电路－电路设计－计算机辅助设计－高等职业教育－教材 Ⅳ. ①TN702

中国版本图书馆 CIP 数据核字（2015）第 116313 号

机械工业出版社（北京市百万庄大街 22 号 邮政编码 100037）
策划编辑：王 颖 责任编辑：王 颖
责任校对：张艳霞 责任印制：李 昂
北京捷迅佳彩印刷有限公司印刷

2023 年 7 月第 2 版 • 第 6 次印刷
184mm×260mm • 11.25 印张 • 276 千字
标准书号：ISBN 978-7-111-50408-5
定价：39.90 元

高等职业教育系列教材

电子类专业编委会成员名单

出 版 说 明

党的二十大报告首次提出“加强教材建设和管理”，表明了教材建设国家事权的重要属性，凸显了教材工作在党和国家事业发展全局中的重要地位，体现了以习近平同志为核心的党中央对教材工作的高度重视和对“尺寸课本、国之大者”的殷切期望。教材作为教育目标、理念、内容、方法、规律的集中体现，是教育教学的基本载体和关键支撑，是教育核心竞争力的重要体现。建设高质量教材体系，对于建设高质量教育体系而言，既是应有之义，也是重要基础和保障。为落实立德树人根本任务，发挥铸魂育人实效，机械工业出版社组织国内多所职业院校（其中大部分院校入选“双高”计划）的院校领导和骨干教师展开专业和课程建设研讨，以适应新时代职业教育发展要求和教学需求为目标，规划并出版了“高等职业教育系列教材”丛书。

该系列教材以岗位需求为导向，涵盖计算机、电子信息、自动化和机电类等专业，由院校和企业合作开发，由具有丰富教学经验和实践经验的“双师型”教师编写，并邀请专家审定大纲和审读书稿，致力于打造充分适应新时代职业教育教学模式、满足职业院校教学改革和专业建设需求、体现工学结合特点的精品化教材。

归纳起来，本系列教材具有以下特点：

1）充分体现规划性和系统性。系列教材由机械工业出版社发起，定期组织相关领域专家、院校领导、骨干教师和企业代表开展编委会年会和专业研讨会，在研究专业和课程建设的基础上，规划教材选题，审定教材大纲，组织人员编写，并经专家审核后出版。整个教材开发过程以质量为先，严谨高效，为建立高质量、高水平的专业教材体系奠定了基础。

2）工学结合，围绕学生职业技能设计教材内容和编写形式。基础课程教材在保持扎实理论基础的同时，增加实训、习题、知识拓展以及立体化配套资源；专业课程教材突出理论和实践相统一，注重以企业真实生产项目、典型工作任务、案例等为载体组织教学单元，采用项目导向、任务驱动等编写模式，强调实践性。

3）教材内容科学先进，教材编排展现力强。系列教材紧随技术和经济的发展而更新，及时将新知识、新技术、新工艺和新案例等引入教材；同时注重吸收最新的教学理念，并积极支持新专业的教材建设。教材编排注重图、文、表并茂，生动活泼，形式新颖；名称、名词、术语等均符合国家有关技术质量标准和规范。

4）注重立体化资源建设。系列教材针对部分课程特点，力求通过随书二维码等形式，将教学视频、仿真动画、案例拓展、习题试卷及解答等教学资源融入到教材中，使学生学习课上课下相结合，为高素质技能型人才的培养提供更多的教学手段。

由于我国高等职业教育改革和发展的速度很快，加之我们的水平和经验有限，因此在教材的编写和出版过程中难免出现疏漏。恳请使用本系列教材的师生及时向我们反馈相关信息，以利于我们今后不断提高教材的出版质量，为广大师生提供更多、更适用的教材。

机械工业出版社

前　言

计算机技术和电子技术的不断发展给数字系统的设计方法带来了全新的变革，基于EDA（电子设计自动化）技术的设计方法正在成为现代数字系统设计的主流。电子工程技术人员利用可编程逻辑器件和EDA开发软件，使用硬件描述语言就可以设计出所需要的数字系统，减少了开发成本和开发时间。

高职高专以就业为导向、以职业能力培养为主体的指导思想，必然要把教学重点从以逻辑门和触发器等通用器件为载体、以真值表和逻辑方程为表达方式、以手工调试的传统数字电路设计方法向以可编程逻辑器件为载体、以硬件描述语言为表达方式、以EDA技术为调试手段的现代数字系统设计方法转换。针对EDA技术的特点和发展趋势，本书介绍了EDA技术的基础知识、EDA开发软件QuartusⅡ的使用方法和VHDL硬件描述语言的语法规则，通过设计编码器、计数器、分频器、存储器、电子密码锁和智力竞赛抢答器等典型电路，由浅入深、循序渐进地学习EDA技术。全书共分为以下6章。

第1章、第2章通过数据比较器和运算器的设计，讲解EDA软件QuartusⅡ14.0（64-bit）的获得、安装和使用方法，读者能够了解QuartusⅡ软件的功能，学会电路原理图的设计方法，使读者对EDA技术有所认识。

第3章、第4章主要讲解VHDL硬件描述语言的数据结构和语法规则，通过设计编码器、计数器和寄存器等电路，学习数字系统的设计方法和步骤，熟练QuartusⅡ软件的使用方法，读者能够学会设计文件的编辑、编译、波形仿真和编程下载的全部过程，能够认识和分析简单的VHDL程序。

第5章通过设计分频器、按键输入电路、数码显示电路和存储器等典型单元电路，学习VHDL程序设计，学会使用硬件描述语言设计数字系统的工作流程，使读者具有初步设计能力，能够编写简单的程序。

第6章为综合实训，包括数字频率计、篮球比赛24秒计时器、节日彩灯控制器、电子密码锁和智力竞赛抢答器等设计项目，从不同的层面展示各种设计思路和方法。

本书中有些电路图为了保持与软件的统一性，使用了软件中的电路符号标准及文字描述标准，部分电路符号与国标不符，附录中给出了软件电路符号与国标的对照表。

本书由黑龙江农业工程职业学院于润伟任主编，黑龙江农业工程职业学院朱晓慧任副主编，黑龙江农业工程职业学院张晓峰，北京信息技术职业学院黄一平、吕燕参与编写，全书统稿工作由于润伟完成。

由于编者水平有限，对一些问题的理解和处理难免有不当之处，衷心希望使用本书的读者批评指正。

编　者

目　录

第1章　数据比较器的设计

本章要点

- EDA 技术的内涵
- Quartus II 软件的使用
- 数据比较器的设计

1.1　认识 EDA 技术

EDA（Electronic Design Automation）就是电子设计自动化。采用 EDA 技术设计数字系统通常需要将系统分成若干层，采用自顶向下的层次设计方法，设计者只需要将每一层次的系统结构和功能描述出来，并编辑输入到 EDA 软件即可，其他工作则由 EDA 软件自动完成，这样做极大地简化了设计工作，提高了效率，适用于小批量产品的开发，也适用于大批量产品的样品研制，因此得到了越来越广泛的应用。

1.1.1　EDA 技术的发展

EDA 技术与电子技术各学科领域的关系密切，其发展历史同大规模集成电路设计技术、计算机技术、电子设计技术和电子制造工艺的发展是同步的，可大致将 EDA 技术的发展历史分为以下 4 个阶段。

1．计算机辅助设计（CAD）

20 世纪 70 年代，计算机作为一种运算工具已在科研领域得到广泛应用，在集成电路制作方面，可编程逻辑技术及其器件已经问世，人们开始将产品设计过程中具有高度重复性的工作（例如画图布线等工作），用图形处理 CAD 软件工具代替，其中具有代表性的工具是美国 Accel 公司开发的 Tango 布线软件。但由于布线画图软件受到当时计算机工作平台的限制，其性能一般，支持的工程也有限。

2．计算机辅助工程设计（CAED）

20 世纪 80 年代，集成电路设计进入了 CMOS（互补场效应晶体管）时代，复杂可编程逻辑器件已进入商业应用，相应的辅助设计软件也已投入使用，出现了具有自动综合能力的 CAED 工具。在印制电路板设计方面能够完成逻辑图输入、自动布局、布线和印制电路板性能分析等功能；在数字系统设计方面能够完成逻辑设计、逻辑仿真、逻辑方程综合和化简等功能。在 20 世纪 80 年代末，特别是各种硬件描述语言的出现，为电子设计自动化解决了电路建模、标准文档及仿真测试等问题。但是 CAED 阶段的软件工具是从逻辑图出发，设计数字系统必须提供具体的元件图形，制约了优化设计，难以适应复杂的数字系统设计。

3．电子设计自动化（EDA）

20 世纪 90 年代，集成电路设计工艺步入了超深亚微米阶段，集成百万个逻辑门以上的大规模可编程逻辑器件陆续面世，以及基于计算机技术、面向用户和低成本大规模 ASIC

（专用集成电路）设计技术的应用，促进了 EDA 技术的形成。各大电子器件公司对于兼容各种硬件实现方案和支持标准硬件描述语言的 EDA 工具软件的研究，有效地将 EDA 技术推向成熟。这个阶段发展起来的 EDA 工具，目的是在设计前期将设计师从事的许多高层次设计工作由软件工具完成，可以将用户的要求转换为设计技术规范，能够有效地解决可用的设计资源与理想设计目标之间的矛盾，按具体的硬件、软件和算法分解设计等。

4．可编程片上系统（SOPC）

进入 21 世纪后，随着达数百万门高密度可编程逻辑器件的出现，系统设计者能够将整个数字系统实现在一个可编程逻辑芯片上。EDA 工具是以系统级设计为核心，包括系统行为级描述与结构综合、系统仿真与测试验证、系统划分与指标分配、系统决策与文件生成等一整套的电子系统设计自动化工具。这时的 EDA 工具不仅具有电子系统设计能力，而且能提供独立于工艺和厂家的系统级设计能力，具有高级抽象的设计构思手段。

1.1.2 EDA 技术的特点

在传统的数字电子系统或集成电路设计中，手工设计占了较大的比例，复杂电路的设计和调试工作变得十分困难，另外设计实现过程与具体生产工艺直接相关，因此可移植性很差，而且只有在设计出样机或生产出芯片后才能进行实测，如果某一过程存在错误，查找和修改十分不便。与手工设计相比，EDA 技术有如下特点。

1．采用自顶向下设计方案

从电子系统设计的方案上看，EDA 技术最大的优势就是能将所有设计环节纳入统一的自顶向下设计方案中，该设计方案有利于在早期发现结构设计中的错误，提高设计的一次成功率。而在传统的电子设计技术中，由于没有规范的设计工具和表达方式，无法进行这种先进的设计流程。

2．应用硬件描述语言（HDL）

使用硬件描述语言，设计者可以在抽象层次上描述设计系统的结构及其内部特征，是 EDA 技术的一个重要特征。硬件描述语言的突出优点是语言的公开可利用性、设计与工艺的无关性、宽范围的描述能力、便于组织大规模系统的设计、便于设计的复用和继承等。

多数 HDL 语言也是文档型的语言，可以方便地存储在计算机硬盘等介质中，也可以打印到纸张上，极大地简化设计开发文档的管理工作。

3．能够自动完成仿真和测试

EDA 软件设计公司与半导体器件生产厂商共同开发了一些功能库，如逻辑综合时的综合库、板图综合时的板图库、测试综合时的测试库、逻辑模拟时的模拟库等，通过这些库的支持，系统开发者能够完成自动设计。EDA 技术还可以在各个设计层次上，利用计算机完成不同内容的仿真，而且在系统级设计结束后，就可以利用 EDA 软件对硬件系统进行完整的测试。

4．开发技术的标准化和规范化

EDA 技术的设计语言是标准化的，不会由于设计对象的不同而改变。EDA 技术使用的开发工具也是规范化的，所以 EDA 开发平台可以支持任何标准化的设计语言，其设计成果具有通用性、可移植性和可测试性，为高效高质的系统开发提供了可靠保证。

5．对工程技术人员的硬件知识和经验要求低

EDA 技术的标准化、硬件描述语言和开发平台对具体硬件的无关性，使设计者能将自己的才智和创造力集中在设计项目上，提高产品性能和降低成本，而将具体的硬件实现工作让 EDA 软件来完成。

1.1.3 EDA 技术的内涵

EDA 技术涉及硬件描述语言、EDA 软件和可编程逻辑器件等内容。硬件描述语言用于描述数字系统，表达电子工程师的设计思想；EDA 软件用于在计算机上仿真、调试设计的数字系统；可编程逻辑器件是实现数字系统的主要载体，通过 EDA 软件将系统编程或下载到可编程逻辑器件中；最后制作印制电路板，加入输入、输出等部分，完成系统的硬件调试。

1．硬件描述语言（HDL）

硬件描述语言是各种描述方法中最能体现 EDA 优越性的描述方法。所谓硬件描述语言就是一个描述工具，其描述的对象是设计电路系统的逻辑功能、实现该功能的算法、选用的电路结构以及其他各种约束条件等。通常要求硬件描述语言既能描述系统的行为，又能描述系统的结构。

硬件描述语言的使用与普通的高级语言相似，编制的程序也需要经过编译器进行语法、语义的检查，再转换为某种中间数据格式。但与其他高级语言相区别的是，用硬件描述语言编制程序的最终目的是要生成实际硬件，因此硬件描述语言中有与硬件实际情况相对应的并行处理语句。此外，用硬件描述语言编制程序时，还需注意硬件资源的消耗问题（如逻辑门、触发器和连线等的数目），有的程序虽然语法、语义上完全正确，但并不能生成与之相对应的实际硬件，其原因就是要实现这些程序所描述的逻辑功能，消耗的硬件资源过大，无法在可编程逻辑器件上实现。目前主要有 Verilog-HDL 和 VHDL 两种硬件描述语言。

1）Verilog-HDL 语言是在 1983 年由 GDA（Gateway Design Automation）公司首创的，主要用于数字系统的仿真验证、时序分析和逻辑综合等，是目前应用最广泛的硬件描述语言之一。Verilog-HDL 把数字系统当作一组模块来描述，每一个模块具有模块接口以及关于模块内容的描述，一个模块代表一个逻辑单元，这些模块用信号相互连接，相互通信。

2）VHDL 语言是美国国防部于 20 世纪 80 年代出于军事工业的需要开发的，1984 年 VHDL 被 IEEE 确定为标准化的硬件描述语言。1993 年 IEEE 对 VHDL 进行了修订，增加了部分新命令与属性，增强了对系统的描述能力，并公布了新版本的 VHDL，即 IEEE 标准的 1076-1993 版本。VHDL 涵盖面广，抽象描述能力强，支持硬件的设计、验证、综合与测试。VHDL 能在多个级别上对同一逻辑功能进行描述，如可以在寄存器级别上对电路的组成结构进行描述，也可以在行为描述级别上对电路的功能与性能进行描述。无论哪种级别的描述，都可以利用综合工具将描述转化为具体的硬件结构。

各种硬件描述语言中，VHDL 的抽象描述能力最强，适用于电路高级建模，综合的效率和效果较好，因此运用 VHDL 进行复杂电路设计时，往往采用自顶向下结构化的设计方法；Verilog-HDL 语言是一种低级的描述语言，适用于描述门级电路，容易控制电路资源，但其对系统的描述能力不如 VHDL 语言。

2．可编程逻辑器件

可编程逻辑器件（PLD）是一种可以由用户编程来实现某种逻辑功能的新型逻辑器件，不仅速度快、集成度高，能够完成用户定义的逻辑功能外，还可以加密和重新定义编程，其允许编程次数可多达上万次。使用可编程逻辑器件可大大简化硬件系统、降低成本、提高系统的可靠性和灵活性。因此，自 20 世纪 70 年代问世以来，就受到广大工程人员的青睐，被广泛应用于工业控制、通信设备、智能仪表、计算机硬件和医疗电子仪器等多个领域。

目前，PLD 主要分为现场可编程门阵列（FPGA）和复杂可编程逻辑器件（CPLD）两大类。PLD 最明显的特点是高集成度、高速度和高可靠性。高速度表现在其时钟延时可小至纳秒级，结合并行工作方式，在超高速应用领域和实时测控方面有着非常广阔的应用前景；其高可靠性和高集成度表现在几乎可将整个系统集成于同一芯片中，实现所谓片上系统（SOPC），从而大大缩小了系统体积，也易于管理和屏蔽。

3．EDA 软件

目前在国内比较流行的 EDA 软件主要有 Altera 公司的 MAX+plusⅡ和 QuartusⅡ、Lattice 公司的 Expert LEVER 和 Synario、Xilinx 公司的 Foundation 和 Alliance、Actel 公司的 Actel Designer 等，这 4 家公司的 EDA 开发软件特性如表 1-1 所示。

表 1-1　EDA 开发软件特性

厂商	EDA 软件名称	软件适用器件系列	软件支持的描述方式
Altera	MAX+plusⅡ	MAX、FLEX 等	逻辑图、波形图、AHDL 文本、Verilog-HDL 文本、VHDL 文本等
	QuartusⅡ	MAX、FLEX、APEX 等	
Xilinx	Alliance	Xilinx 各种系列	逻辑图、VHDL 文本等
	Foundation	XC 系列	
Lattice	Synario	MACH GAL、ispLSI、pLSI 等	逻辑图、ABEL 文本、VHDL 文本等
	Expert LEVER	IspLSI、pLSI、MACH 等	逻辑图、VHDL 文本等
Actel	Actel Designer	SX 系列、MX 系列	逻辑图、VHDL 文本等

1）Altera 公司是世界上最大的可编程逻辑器件供应商之一。其主要产品有 MAX7000/9000、FLEX10K、APEX20K、ACEX1K、Stratix 和 Cyclone 等系列。Altera 公司在 20 世纪 90 年代以后发展很快，业界普遍认为其开发工具 MAX+plusⅡ是最成功的 EDA 开发平台之一，QuartusⅡ是 MAX+plusⅡ的升级版本。

2）Xilinx 公司是 FPGA 的发明者，其产品种类较全，主要有 XC9500/4000、Spartan、Virtex 和 Coolrunner（XPLA3）等。Xilinx 公司是与 Altera 公司齐名的可编程逻辑器件供应商，在欧洲用 Xilinx 器件的人多，在日本和亚太地区用 Altera 器件的人多，在美国则是平分秋色。全球 60%以上的 PLD 产品是由 Altera 和 Xilinx 提供的，Altera 和 Xilinx 共同决定了 PLD 技术的发展方向。

3）Lattice 公司是在系统可编程（ISP）技术的发明者，其主要产品有 ispL2000/5000/8000、MACH4/5、ispMACH4000 等。与 Altera 公司和 Xilinx 公司相比，Lattice 的开发工具略逊一筹，大规模 PLD、FPGA 的竞争力也不够强，但其中小规模 PLD 比较有特色。Lattice 于 1999 年推出可编程模拟器件，现已成为全球第三大可编程逻辑器件供应商。

4）Actel 公司是反熔丝（一次性编程）PLD 的领导者。由于反熔丝 PLD 具有抗辐射、耐高低温、功耗低和速度快等优良品质，在军工产品和宇航产品上有较大优势，而 Altera 和 Xilinx 公司则一般不涉足军工和宇航市场。

1.2 QuartusⅡ开发软件

数字系统的设计离不开 EDA 软件。常用的 EDA 开发软件可分为两类：一类是由芯片制造商提供的，如 Altera 公司开发的 MAX+plusⅡ和 QuartusⅡ软件包、Xilinx 公司开发的 Foundation 软件包；另一类是由专业 EDA 软件商提供的，也称为第三方设计软件，较为著名的有 Cadence、Mental 和 Synopsys 等。芯片商提供的软件比较适合自己的产品，第三方软件往往能够开发多家公司的器件，但需要芯片商提供器件库和适配器软件。由于 Altera 公司非常支持教学，专门为广大学生和科研人员提供用于学习的开发软件和硬件产品，因此本书以讲解 Altera 公司的软件为主。

1.2.1 软件的获得与安装

QuartusⅡ软件包是 MAX+plusⅡ的升级版本，Altera 公司的第 4 代开发软件，能够支持逻辑门数在百万门以上的逻辑器件的开发，并且为第三方工具提供了无缝接口。其界面友好，集成化程度高、易学、易用，配备了适用于各种需要的元件库，包括基本逻辑元件库（如逻辑门、D 触发器和 JK 触发器等）和宏功能元件（几乎包含所有 74 系列的芯片），非常适合初学者学习，直接输入元件符号，连接成电路，就可仿真出结果，而无需精通器件内部的复杂结构，软件能将这些设计转换成系统所需要的格式并自动优化。QuartusⅡ支持的器件有 StratixⅡ、Stratix GX、Stratix、Mercury、MAX3000A、MAX7000B、MAX7000S、MAX7000AE、MAXⅡ、FLEX6000、FLEX10K、FLEX10KA、FLEX10KE、Cyclone、CycloneⅡ、APEXⅡ、APEX20KC、APEX20KE 和 ACEX1K 系列。

QuartusⅡ软件包的编程器是系统的核心，提供功能强大的设计处理，设计者可以添加特定的约束条件来提高芯片的利用率。在设计流程的每一步，QuartusⅡ软件都能够引导设计者将注意力放在设计上，而不是软件的使用上。同时，自动的错误定位、完备的错误和警告信息，使设计修改变得简单容易。QuartusⅡ与 MATLAB 的 Simulink 和 DSP Builder 结合，是开发 DSP 硬件系统的关键 EDA 工具；QuartusⅡ与 SOPC Builder 结合，能够开发 SOPC（System On a Programmable Chip）系统，是一款很有发展前途的 EDA 软件。

1．软件的获得

Altera 公司的 QuartusⅡ Web Edition 14.0 软件是免费、不需要许可的学习软件，但支持器件的型号受限制，主要有 Cyclone IV E、Cyclone IV GX、Cyclone V（E/GX/GT/SX/SE/ST）、MAX II 和 MAX V 等系列，不影响初学者的使用，但购买实验箱或开发板时，要注意器件适配板上使用的器件。另外，还要注意该软件运行的操作系统类型必须是 64 位操作系统。在 Altera 公司的网站上下载软件，参考以下步骤。

1）进入公司网站首页，网址是 http://www.altera.com.cn。打开网页后，单击“支持”→“下载”菜单，进入“下载中心”，如图 1-1 所示。

2）单击 Quartus II Web Edition 后的“Download”按钮，进入“Quartus II 网络版本下载”管理窗口，如图 1-2 所示。

图 1-1　下载中心

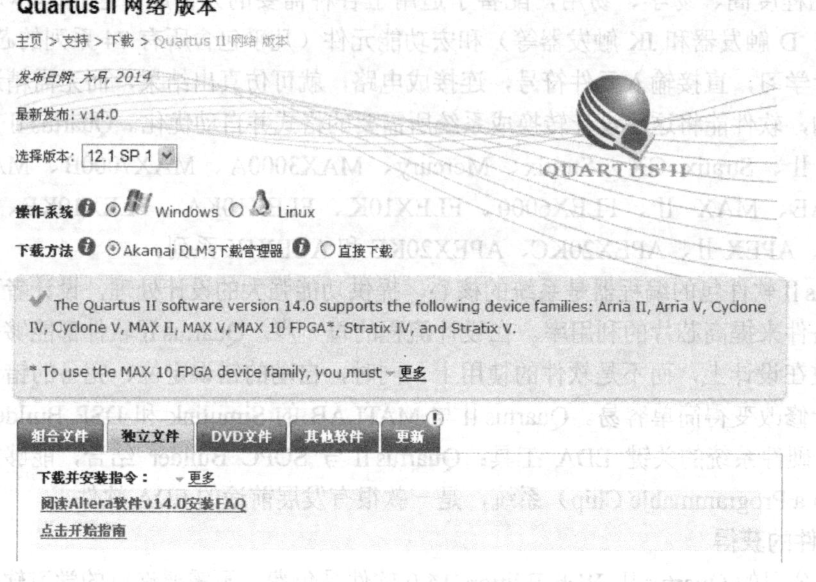

图 1-2　“Quartus II 网络版本下载管理”窗口

3）在“选择版本”下拉框中选择需要下载的软件版本后，单击窗口中单击“开始指南”按钮，出现图 1-3 所示的账户管理界面。

4）在 Enter your email address 下方的对话框中输入邮箱地址，单击“Create Account”按钮，在弹出的账户注册页面中输入个人信息（只能用英文），将输入的用户名和密码记好，以便再次登录时使用，单击“Create Account”按钮。检查邮箱中 Altera 公司的回信。

注册成功后，回到账户管理界面，填写用户名（在 User Name 栏输入）和密码（在 Password 栏输入），单击“Sign In”按钮，进入文件下载窗口，如图 1-4 所示。

myAltera Account Sign In

Home > myAltera Account Sign In

User Name

Password

Forgot Your User Name or Password?

Remember me

Sign In

Don't have an account?

Create Your myAltera Account

Your myAltera account allows you to file a service request, register for a class, download software, and more.

Enter your email address.

(If your email address already exists in our system we will retrieve the associated information.)

Create Account

图 1-3　账户管理界面

To complete this download, you need to install the Akamai NetSession Interface, a download manager used to reduce download time and increase quality. This install should take only a few minutes at most, after which your download can resume.

Please take the following steps:

1. Download the installer by clicking the link below.
2. Run the downloaded installer - it will set up the NetSession Interface.
3. When the install has completed, this popup will close and the download will resume in the browser window.

Click here to begin: download the installer.

If you have questions or want more information about Akamai NetSession Interface, please visit our home page.

If you cannot complete the installation, click here.

图 1-4　文件下载窗口

5）单击文件下载窗口最下方的 click here 链接，选择需要下载的文件（最好全选），输入文件保存路径后，等待下载完成即可。

6）所有文件下载完成后，把所有文件解压缩或复制到同一目录中。如果把文件解压缩到不同的目录中，安装程序只会安装同一目录中的组件。

2．安装

用鼠标双击下载的安装文件 QuartusSetupWeb-14.0.0.200-windows.exe，开始安装，出现图 1-5 所示的安装向导。

单击“Next”按钮开始安装，Quartus II Web Edition 软件的安装比较简单，按照提示即可完成安装工作。注意：选择的安装文件夹名称中不能有汉字。安装程序能自动探测同一目录中的所有其他软件和器件支持文件，在软件安装结束后，会提示安装相关硬件的驱动程序，按提示安装即可。

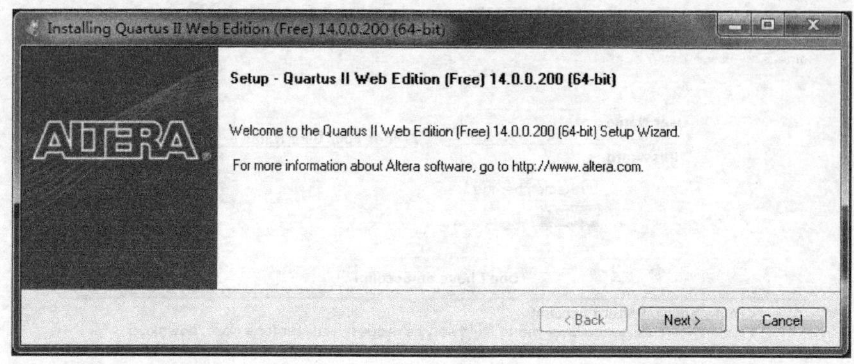

图 1-5　安装向导

3．授权

由于 Quartus II Web Edition 软件是免费的学习版，不需要授权，安装完成后就可以使用。学习版或基本版授权的软件在使用时会受到某些限制，例如有些功能或器件不可用，但对于学习软件的使用方法及其开发过程并不影响。

其他版本的软件在安装完成之后，还需要完成授权工作，才能保证软件的正常工作，不同的授权文件具有不同的使用权限。

1.2.2　项目建立

在 QuartusⅡ中，设计是按照项目来管理的，每个项目中可包含一个或多个设计文件，其中只有一个是顶层文件，顶层文件的名字必须与项目名相同，编译器是对项目中的顶层文件进行编译的。项目还管理着多个在设计过程中产生的中间文件，所有中间文件的文件名都相同，仅扩展名不同。为了便于管理，最好为每个新项目建立一个单独的文件夹。

为使介绍言简意明，以三人表决器电路为例学习软件使用方法，三人表决器电路逻辑图如图 1-6 所示。

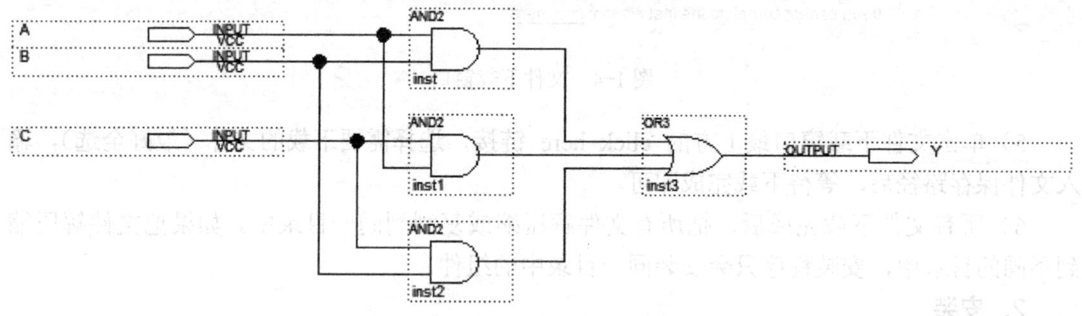

图 1-6　三人表决器电路逻辑图

1．项目准备

在 E 盘根目录下建立 E:\Example1 文件夹作为项目文件夹。

2．启动软件

单击桌面上的图标或单击“开始”→“所有程序”→“Altera 14.0.0.200 Web Edition”→“QuartusⅡ Web Edition”→“QuartusⅡ 14.0（64-bit）”，如图 1-7 所示。

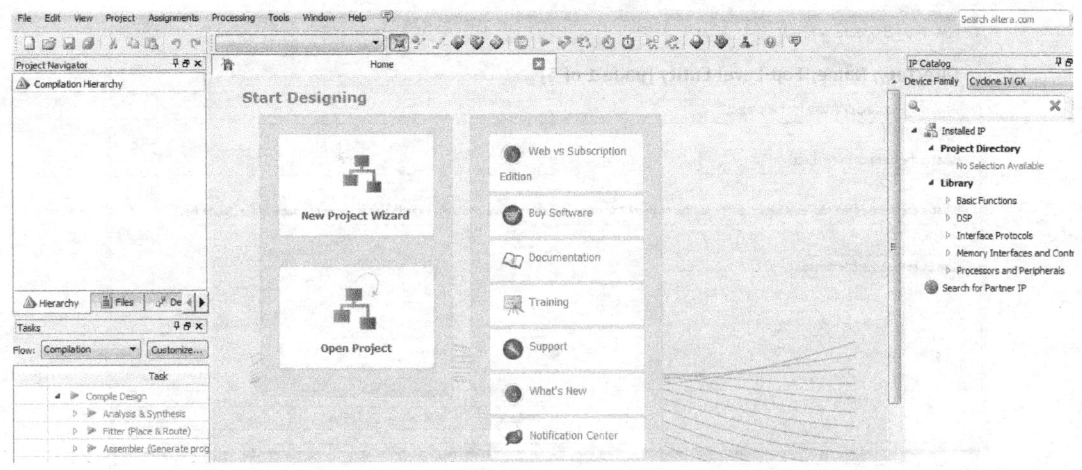

图 1-7　Quartus Ⅱ 14.0（64-bit）

3. 打开项目建立向导

单击图 1-7 中的“New Project Wizard”图标（注：“Open Project”图标是打开已有项目），弹出图 1-8 所示的新项目建立向导。

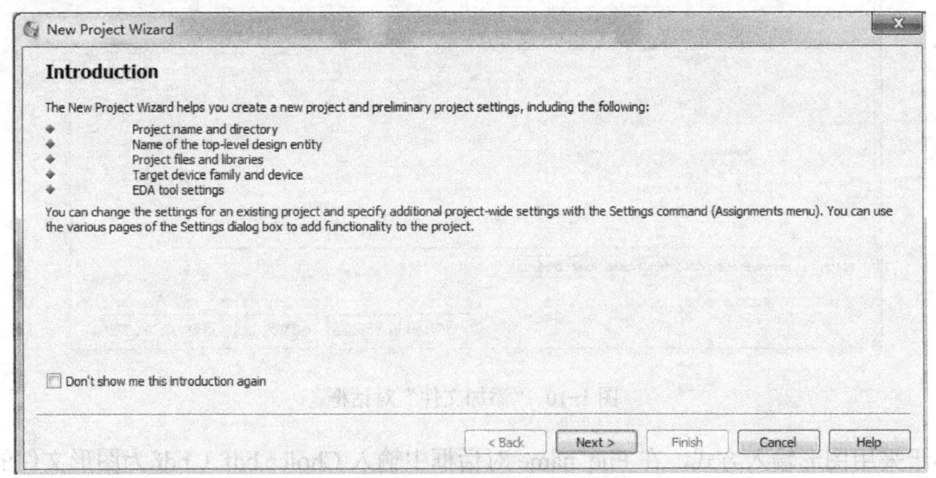

图 1-8　新项目建立向导

单击“Next”按钮，打开图 1-9 所示的“新项目建立向导”对话框。

4. 建立项目

单击第 1 个对话框右侧的 ... 按钮，在弹出的窗口中选择 E:\Example1 文件夹，单击“打开”按钮；然后在第 2 个对话框中输入项目名、在第 3 个对话框输入顶层设计实体名。项目名和文件名称可由字母、数字和下画线组成，但第 1 个字符必须是英文字母。本例中项目名和顶层文件名均为 Choice。

5. 添加文件

单击图 1-9 中的“Next”按钮，打开“添加文件”对话框，如图 1-10 所示。

图 1-9 “新项目建立向导”对话框

图 1-10 “添加文件”对话框

由于采用图形输入方式，在 File name 对话框中输入 Choice.bdf（.bdf 为图形文件的扩展名），然后单击“Add”按钮，添加该文件。

6. 选择器件

单击图 1-10 中的“Next”按钮，打开“器件设置”对话框，如图 1-11 所示。

根据系统设计的实际需要选择目标芯片系列及相应的芯片，也可以根据 Package（封装形式）、Pin count（引脚数量）和 Core Speed grade（芯片速度等级）选定芯片。本书选用 Cyclone Ⅳ E 系列的 EP4CE6E22C8 芯片。

☞**注意：**

读者需要根据自己使用的实验箱或开发板，选用与其适配板上相同型号的芯片。

7. 选择 EDA 工具

单击图 1-11 中的“Next”按钮，打开“EDA 工具设置”对话框，如图 1-12 所示。

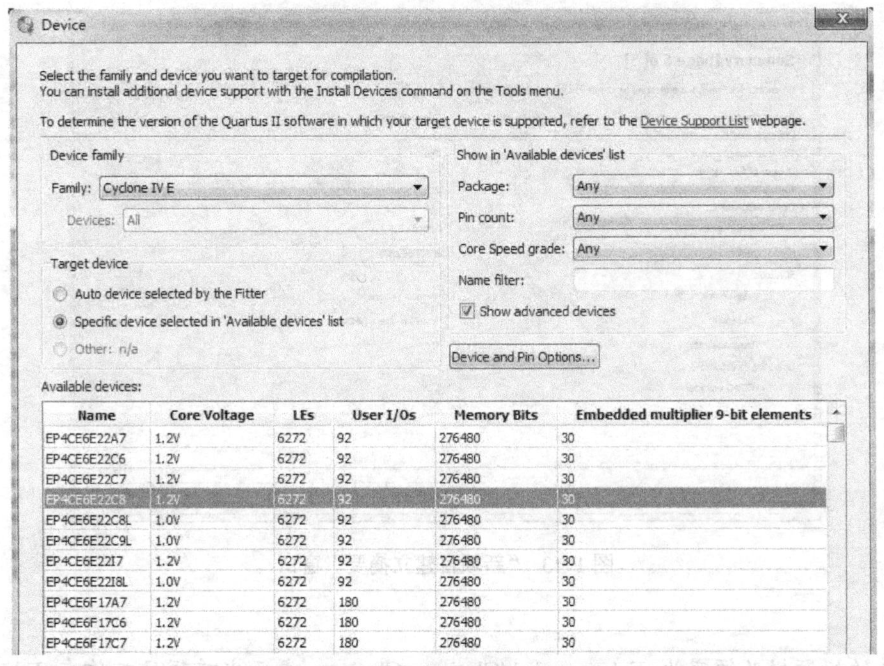

图 1-11 “器件设置”对话框

图 1-12 “EDA 工具设置”对话框

8. 摘要

单击图 1-12 中的“Next”按钮，打开“新项目建立摘要”窗口，如图 1-13 所示。

摘要信息显示项目文件夹是 E:\Example1，项目名是 Choice，顶层设计实体名也是 Choice，项目仅含一个设计文件，选用 Cyclone Ⅳ E 系列的 EP4CE6E22C8 芯片等信息。仔细阅读摘要信息与设计是否相同，若不同可单击“Back”按钮返回后修改。最后单击“Finish”按钮，关闭新项目建立向导。

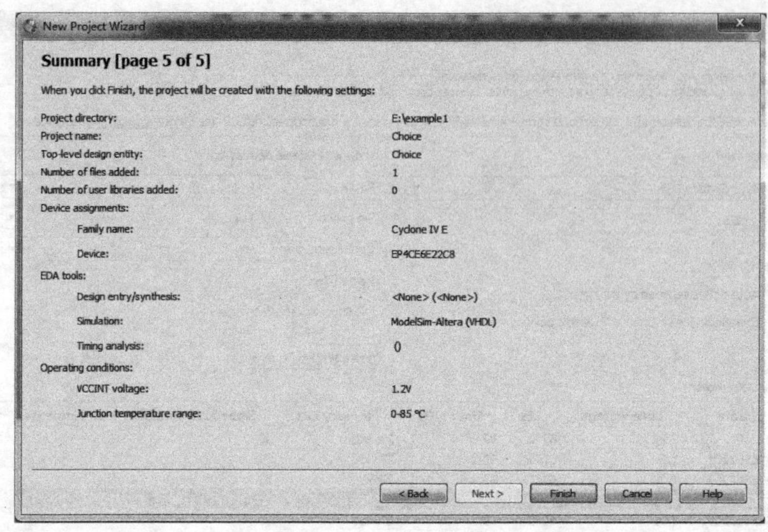

图 1-13 “新项目建立摘要”窗口

☞注意：

软件的标题栏必须变为 E:/example1/Choice- Choice，表示当前项目工作在 E:\example1 文件夹下，项目名是 Choice，顶层设计实体名也是 Choice。

1.2.3 编辑文件

Quartus II 常用两种输入方式：一种是图形输入方式、一种是文本输入方式。两种输入方式的设计步骤基本相同，都包括图形（或文本）编辑、编译、仿真和编程/下载等步骤。

1．建立图形输入文件

单击菜单“File”→“New”选项，弹出图 1-14 所示的“新文件选择”对话框。

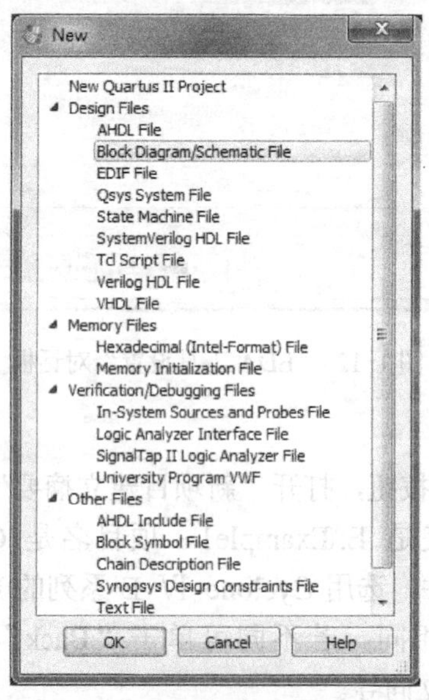

图 1-14 “新文件选择”对话框

选中 Block Diagram/Schematic File（图形输入方式）选项，单击“OK”按钮确认。进入图形编辑器的编辑环境，图形编辑窗口如图 1-15 所示。

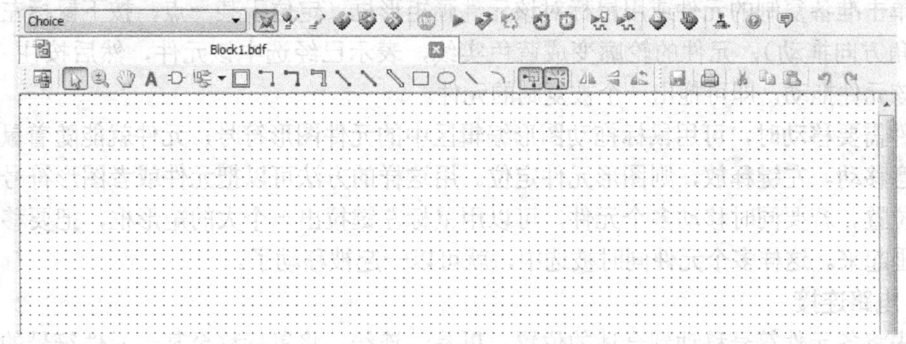

图 1-15　图形编辑窗口

2. 输入元件及引脚

在图 1-15 所示图形编辑窗口中图形编辑区的任意位置上用鼠标双击，即可弹出“元件输入”对话框，如图 1-16 所示。

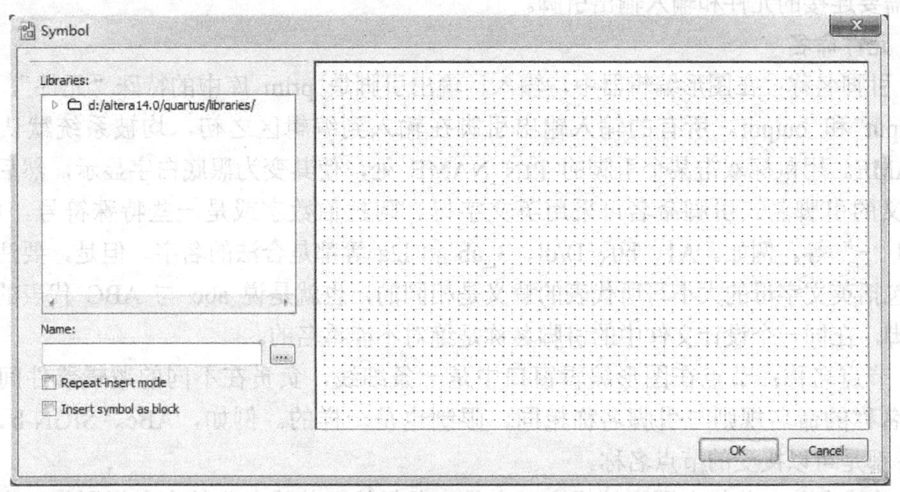

图 1-16　“元件输入”对话框

输入元件有两种方式：一种是在 Name 对话框中直接输入元件名称，如输入 AND2（两个输入端的与门）、NOR3（3 个输入端的或非门）等；一种是调用库文件中的元件，展开 d:/altera14.0/quartus/libraries/，从列表中选择器件，如 7400（两个输入端的与非门）、74161（四位二进制异步清零递增计数器）等。这两种方式都必须了解每个元件的名称、用法乃至特性，以便在设计中正确地使用。

输入元件名称后，单击“OK”按钮，自动关闭“元件输入”对话框，在图形编辑窗口中图形编辑区的适当位置单击鼠标，即输入一个元件。

按三人表决器控制电路的要求，依次输入 AND2（二输入端与门）3 个、OR3（三输入端或门）1 个、INPUT（输入引脚）3 个、OUTPUT（输出引脚）1 个。

3. 元件的复制和移动

有的设计可能用到多个同种元件，简单的办法是输入一个元件后进行复制。方法十分简单：可单击准备复制的元件或用鼠标对该元件画矩形框（定位于某一点，按下鼠标左键并向元件对角方向拖动），元件的轮廓变成蓝色实线，表示已经选中该元件，然后按住〈Ctrl〉键，对该元件拖动，即可拖出一个被复制的元件。

元件需要移动时，可用鼠标拖动图形编辑区中的元件图形符号，元件就能随着鼠标的滑动而任意移动。左键释放，则图形元件定位。用这样的方法可以把元件或者图形符号摆放到适当的位置。若要同时移动多个元件，可以用鼠标左键拉出一个大的矩形框，把要移动的元件都包围起来。这样多个元件同时被选中，就可以一起被移动了。

4. 电路连接

首先将各元件符号移动到合适的位置，以易于连线。将鼠标移至某一元件符号的外轮廓边缘的引脚处，鼠标箭头会自动变成十字形状。此时可以按住左键拖动，直至另一个需要连接的元件输入或输出引脚处，松开左键。于是这两个元件引脚间就会出现蓝颜色的连线。蓝色表示“选中”，可以移动、删除和复制。进行任何其他的鼠标操作都将使连线变成红色（固化）。画折线时，可在转折处松开鼠标左键一下再按住，继续拖动即可。用上述方法，连接所有需要连接的元件和输入输出引脚。

5. 元件命名

1）引脚名称：在图形编辑器中，输入、输出引脚是 prim 库中的特殊“元件”，名字分别是 input 和 output。所有的输入输出引脚在输入到编辑区之初，均被系统默认命名为 PIN_NAME。用鼠标双击某个引脚的 PIN_NAME 处，使其变为黑底白字显示，然后直接输入所定义的引脚名。引脚命名可采用英文字母、阿拉伯数字或是一些特殊符号，如“/”、“—”和“-”等。例如。A1、b0、D/dl、3_ab 和 l2a 等都是合法的名字。但是，要注意引脚名称所包括英文字母的大小写所代表的意义是相同的，也就是说 abc 与 ABC 代表的是同一个的引脚，在同一个设计文件中的引脚名称是绝对不能重名的。

2）节点名称：节点在图形编辑窗口中是一条细线，负责在不同的逻辑器件间传送信号，其名称的命名规则与引脚名称相同，限制也是一样的。例如，ABc、SIGN-b、Ql 和 123_a 等都是可以接受的节点名称。

3）总线名称：总线在图形编辑窗口中是一条粗线。总线名称的命名规则与引脚和节点名称有很大的不同，必须要在名称的后面加上[m..n]，*m* 和 *n* 都必须是整数，如 Q[3..0]、A[0..7]等，表示一条总线内所含有的节点编号。与总线相连的节点也要命名，例如与总线 Q[3..0]相连的 4 个节点分别命名为 Q[0]、Q[1]、Q[2]、Q[3]，表示信号的分配关系。一条总线代表很多节点的组合，可以同时传送多路信号，最少可代表两个节点的组合，最多可代表 256 个节点的组合，即总线编号最大是[255..0]或[0..255]。

以同样方法修改所有的输入、输出引脚名，编辑完成的电路如图 1-17 所示。

6. 保存

单击图形编辑窗口“File”→“Save”菜单，以 Choice 为文件名，保存当前文件。

☞**注意：**

文件名与项目名必须相同且在同一个文件夹下。

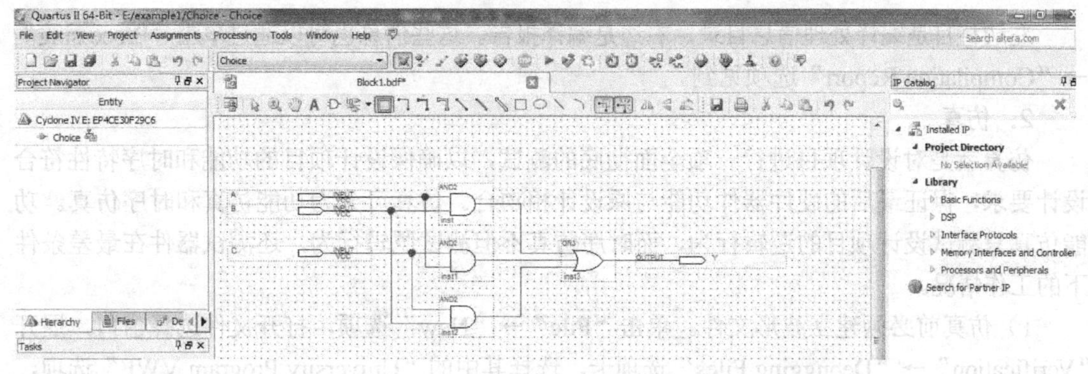

图 1-17　编辑完成的电路

1.2.4　编译和仿真

在编译前，设计者可以通过设置，指导编译器使用不同的综合和适配技术（如时序驱动技术等），以便提高设计项目的工作速度，优化器件的资源利用率，在编译过程中及编译完成后，可以从编译报告中获得详细的编译结果，以利于设计者及时调整设计方案。

1. 编译

单击菜单栏中的“Processing”→“Start Compilation”选项或工具栏的 ▶ 按钮，启动全程编译。编译包括对设计输入的多项处理操作，其中包括排错、数据网表文件提取、逻辑综合、适配、装配文件（仿真文件与编程配置文件）生成以及基于目标器件的项目时序分析等。如果项目文件中有错误，在下方的信息栏中会显示出来。用鼠标双击此条提示信息，在闪动的光标处（或附近）仔细查找，改正后存盘，再次进行编译，直到没有错误为止。另外，可能会出现一些警告信息，可以阅读一下，多数不需要修改。编译成功后可以看到编译报告，如图 1-18 所示。

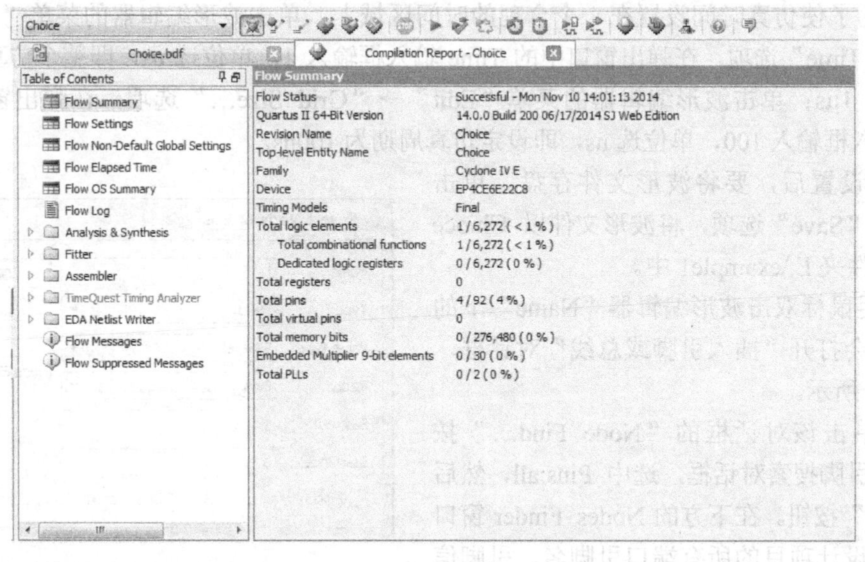

图 1-18　编译报告

左边栏目是编译处理信息目录，右边是编译报告。这些信息也可以通过单击“Processing”→“Compilation Report”选项见到。

2. 仿真

仿真就是对设计项目进行一项全面彻底的测试，以确保设计项目的功能和时序特性符合设计要求，保证最后的硬件器件功能与原设计相吻合。仿真可分为功能仿真和时序仿真。功能仿真只测试设计项目的逻辑行为，而时序仿真不但测试逻辑行为，还测试器件在最差条件下的工作情况。

1）仿真前必须建立波形文件。单击“File”→“New”选项，打开文件选择窗口，展开“Verification”→“Debugging Files”选项卡，选择其中的“University Program VWF”选项，单击“OK”按钮。即出现空白的波形编辑器，如图 1-19 所示。

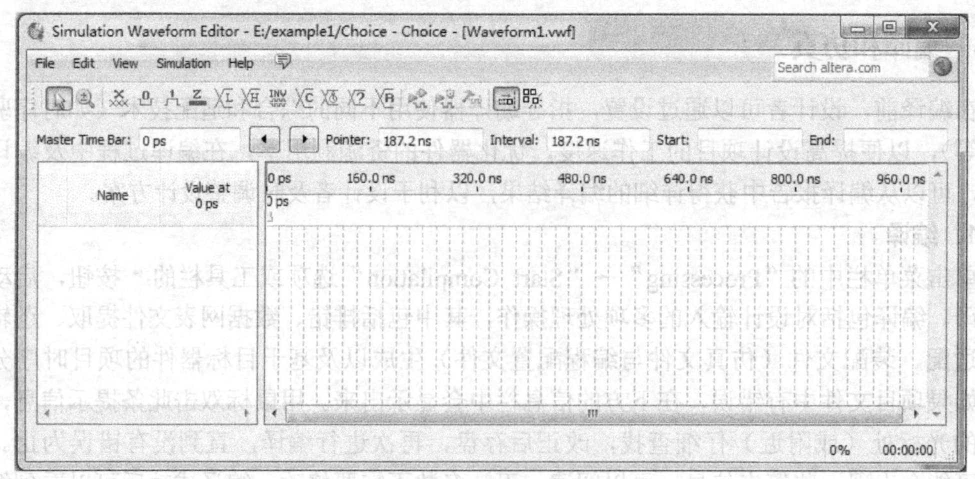

图 1-19　波形编辑器

2）为了使仿真时间设置在一个合理的时间区域上，单击波形编辑器的菜单“Edit”→“Set End Time”选项，在弹出窗口中的 Time 输入框输入 1，单位选 us，即整个仿真域的时间设定为 1μs；单击波形编辑器的菜单“Edit”→“Grid Size…”选项，在弹出窗口中的 Period 输入框输入 100，单位选 ns，即设定仿真周期为 100ns。

结束设置后，要将波形文件存盘。单击“File”→“Save”选项，将波形文件以 Chioce 名存入文件夹 E:\example1 中。

3）用鼠标双击波形编辑器“Name”下的空白处，会打开“插入引脚或总线”对话框，如图 1-20 所示。

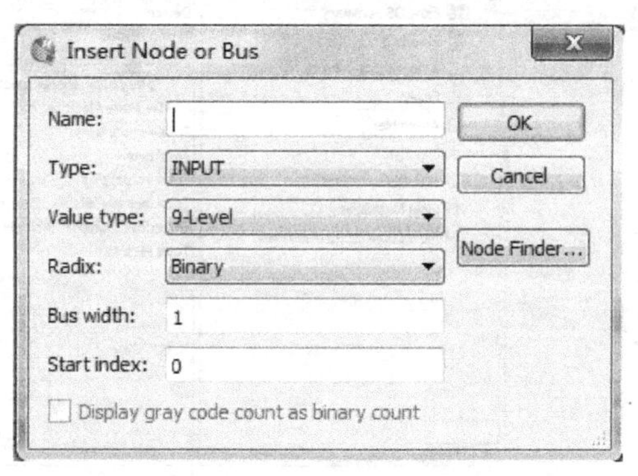

图 1-20　“插入引脚或总线”对话框

4）单击该对话框的“Node Find…”按钮，打开引脚搜索对话框，选中 Pins:all，然后单击“list”按钮。在下方的 Nodes Finder 窗口中会出现设计项目的所有端口引脚名，引脚信息如图 1-21 所示。

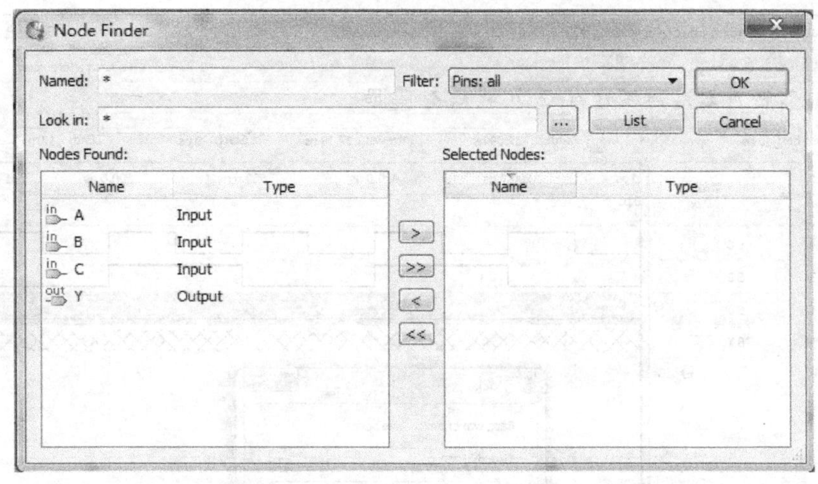

图 1-21　引脚信息

选中输入端口节点 A、B、C 和输出信号节点 Y 后，单击窗口中间的方向按钮，将引脚进入窗口右侧的选择区，单击“OK”按钮；回到插入引脚或总线对话框，再次单击“OK”按钮。

5）编辑输入波形。波形编辑窗口左侧的按钮是编辑波形的工具，按钮工具的用途如表 1-2 所示。

表 1-2　按钮工具的用途

按钮图标	用　途	按钮图标	用　途	按钮图标	用　途	按钮图标	用　途
	选择		调整焦距		不定状态		0（低电平）
	1（高电平）		高阻		弱信号低电平		弱信号高电平
	相反状态		计数器		时钟信号		设置数值
	随机数值		运行功能仿真		运行时间仿真		生成 ModelSim 模型
	对齐网格		对齐转换点				

先使用“调整焦距”工具调整波形坐标间距，选中该工具，在波形编辑区单击鼠标，右键放大、左键缩小，调整到坐标间距 50ns 或 100ns，间距过小不利于设置和观察波形。

在引脚 A 上单击鼠标，选中 A 信号，再单击时钟信号按钮，在“时钟设置”对话框的 Period 输入框中输入 200，即设定仿真周期为 200ns；同样把 B 信号的仿真周期设置为 400ns；C 信号的仿真周期设置为 800ns，波形编辑如图 1-22 所示。

6）单击菜单栏中的“Simulation”→“Run Functional Simulation”选项或工具栏中的按钮，即可启动仿真，仿真结果如图 1-23 所示。

根据三人表决器控制电路的功能要求，观察输入波形和输出波形的关系，验证电路，如果与要求不符，就要修改电路，再次编译、仿真。

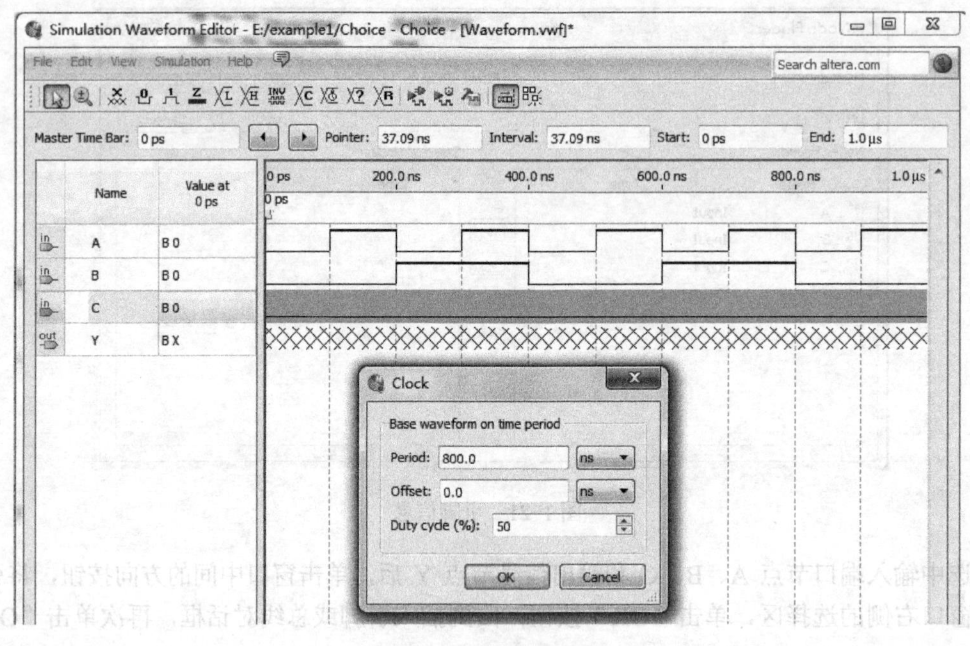

图 1-22　波形编辑

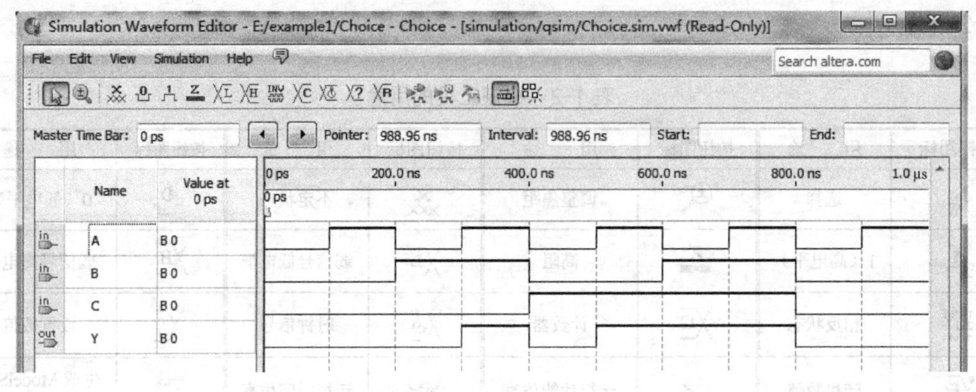

图 1-23　仿真结果

1.2.5　器件编程

仿真分析能够将设计电路的逻辑功能用波形的形式表现出来，检验电路功能。通过仿真分析后，就可以使用 Quartus Ⅱ软件的编程器把设计下载到可编程逻辑器件中，进一步验证电路功能并实现电路。

1．引脚锁定

引脚锁定是指将设计文件的输入、输出信号分配到器件引脚的过程，步骤如下。

1）单击标题栏中的“Assignments”→“Pin Planner”选项，出现引脚规划窗口，配置编辑器如图 1-24 所示。

2）在 Location 输入框中，用鼠标双击，再单击出现的弹出式菜单的下拉式箭头，出现的下拉菜单列出所选用芯片的所有可用引脚，可根据所使用的实验箱或开发板的引脚分配情况锁定引脚。将输入信号引脚锁定为按键，输出引脚锁定为发光二极管。

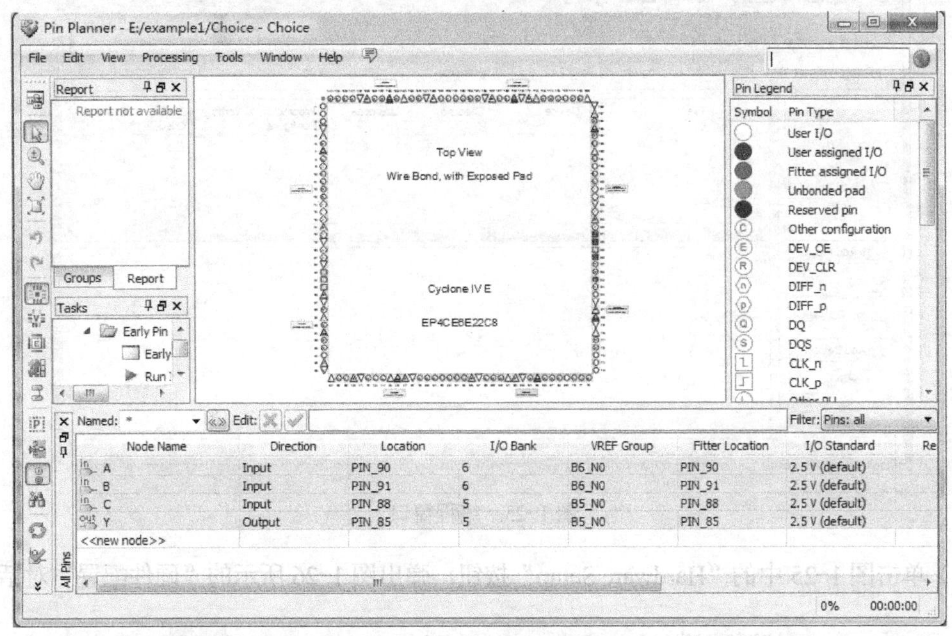

图 1-24 配置编辑器

3）按照同样的方法，将其他引脚一一锁定。本书的引脚对应情况如下：将 A 锁定为 PIN_90（对应按键 1）、B 锁定为 PIN_91（对应按键 2）、C 锁定为 PIN_88（对应按键 3）、Y 锁定为 PIN_85（对应发光二极管）。

4）关闭配置编辑器。

5）单击标题栏中的“Processing”→“Start Compilation”选项，再次启动全程编译。编译成功后，就可以将设计的程序下载到可编程逻辑芯片中。

2. 编程

在编译成功后，Quartus II 软件将自动生成编程数据文件，如.pof（专用配置器件）和.sof（通过连接计算机上的下载电缆直接对 FPGA 进行配置）等编程数据文件，这些文件可以被编程器使用，对器件进行编程。编程的方式可以是 JTAG 方式或 AS 方式，JTAG 方式将程序下载到可编程逻辑器件；AS 方式将程序下载到存储器（使用.pof 文件）。

1）如果使用 ByteBlaster MV 编程器，可将 ByteBlaster MV 下载电缆接到计算机的并行端口；如果使用 MasterBlaster 编程器，可将 MasterBlaster 下载电缆连接到计算机的串行端口。编程器下载电缆连接后，要打开 EDA 实验箱或开发板的电源。

2）如果使用 USB-Blaster 编程器，需要安装 USB 驱动程序。将 USB-Blaster 编程器一端连接到计算机的 USB 端口，另一端连接到 EDA 实验箱或开发板的 JTAG 接口，打开 EDA 实验箱或开发板的电源。这时会弹出一个“USB 驱动程序”对话框，根据对话框的提示，选择用户手动搜索驱动程序，如果 Quartus II 安装在 D 盘的 ALTERA14.0 文件夹下，则驱动程序的路径为 D:\ALTERA14.0\QUARTUS\DRIVERS\USB-BLASTER。

3）单击“Tools”→“Programmer”选项，弹出图 1-25 所示的编程窗口。

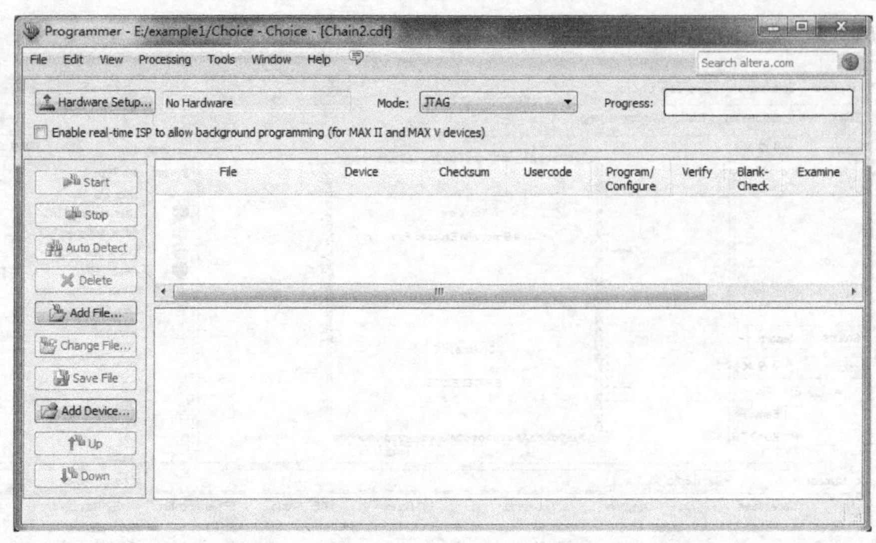

图 1-25　编程窗口

4）单击图 1-25 中的“Hardware Setup”按钮，弹出图 1-26 所示的“硬件配置”对话框。

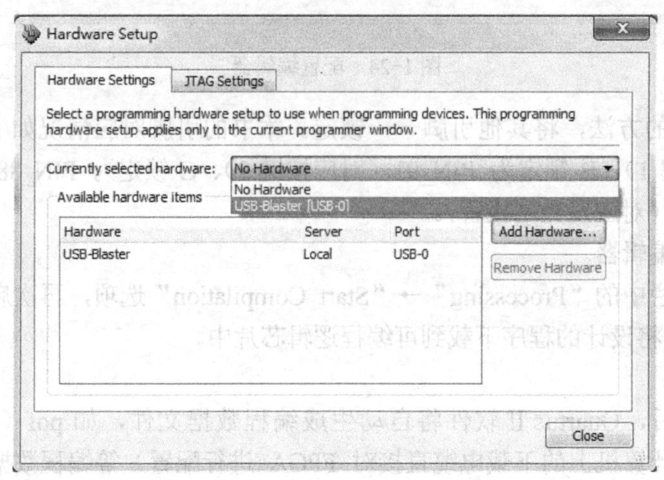

图 1-26　“硬件配置”对话框

5）单击图 1-26 中 Available hardware items 列表框，用鼠标双击 USB-Blaster[USB-0]，然后单击“Close”按钮，关闭硬件配置对话框。

6）在编程窗口中，单击 Mode 下拉框右端的下拉按钮，选中 JTAG 编程方式。JTAG 编程方式支持在系统编程，可对 FPGA、DSP 等器件进行编程，是通用的编程方式。另外，Active Serial Programming 模式可对 FLASH 存储器进行编程。

7）单击“Add Files”按钮，在弹出的对话框中，再打开 output_files 文件夹，选中 Choice.sof 文件。“编辑或下载”窗口如图 1-27 所示。

8）在编程窗口中，单击“Start”按钮，即可开始对芯片编程。

3．电路测试

根据实验箱或开发板的实际情况，测试电路。本书使用的开发板：输入信号为按键按下时，输入信号为 1，按键指示灯亮；按键抬起时，输入信号为 0，按键指示灯暗。输出信号为 1 时，信号灯亮；输出信号为 0 时，信号灯暗。当两个或 3 个按键同时按下时，信号灯亮；只有一个按键按下时，信号灯暗。

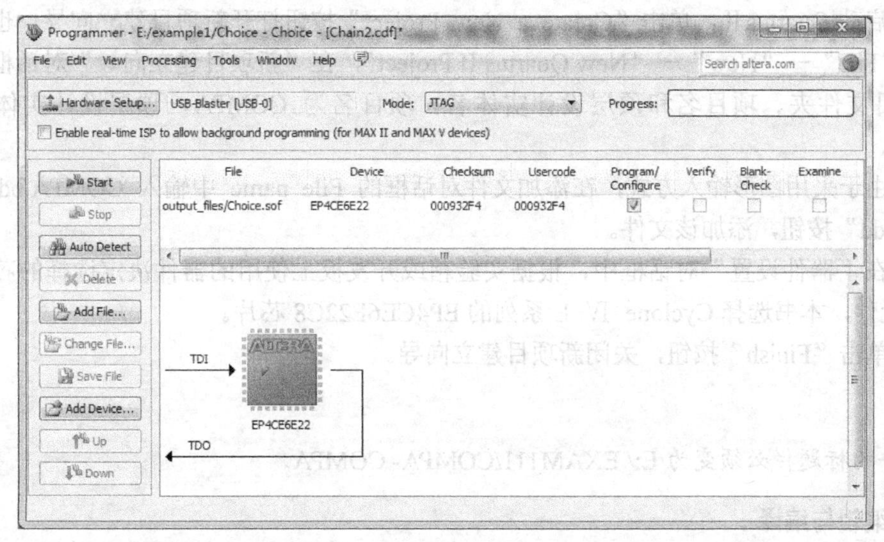

图 1-27 “编程或下载”窗口

1.3 数据比较器的设计

在数字控制设备中，经常需要对两个数字量进行比较，按比较结果进行控制选择。这种用来判断两个数字之间关系的逻辑电路称为数字比较器。仅仅比较两个数字是否相等的比较器称为同比较器；不但能够比较两个数字是否相等，还能比较两数大小的比较器称为大小比较器。

1.3.1 同比较器

1. 电路设计

设输入的两个一位二进制数分别为 A、B，用 Y 表示比较结果。若两数相等，输出 1；两数不等输出 0。同比较器的真值表如表 1-3 所示。

表 1-3 同比较器的真值表

输 入 端		输 出 端
A	B	Y
0	0	1
0	1	0
1	0	0
1	1	1

由真值表推导出同比较器的逻辑表达式：$Y=\overline{A}\,\overline{B}+AB=A\odot B$

2．建立项目

1）在计算机的 E 盘，建立文件夹 E:\EXAM111 作为项目文件夹。

2）启动 QuartusⅡ，单击“Create a New Project”按钮打开新项目建立向导，也可以单击菜单“File”→“New”→“New Quartus II Project”，在“新项目建立向导”对话框中分别输入项目文件夹、项目名和顶层设计实体名。项目名为 COMPA，顶层设计实体名也为 COMPA。

3）由于采用图形输入方式，在添加文件对话框的 File name 中输入 COMPA.bdf，然后单击“Add”按钮，添加该文件。

4）在“器件设置”对话框中，根据实验箱或开发板上使用的器件决定选择的芯片系列和具体元件，本书选择 Cyclone Ⅳ E 系列的 EP4CE6E22C8 芯片。

5）单击“Finish”按钮，关闭新项目建立向导。

☞**注意：**

软件的标题栏必须变为 E:/ EXAM111/COMPA- COMPA。

3．编辑与编译

1）编辑。单击“File”→“New”选项，选中 Block Diagram/Schematic File，单击“OK”按钮，打开图形编辑器窗口。

2）用鼠标双击图形文件编辑窗口的编辑区，打开“元件输入”对话框。根据同比较器的逻辑表达式，依次输入 1 个 XNOR（同或门）、两个 INPUT（输入引脚）和 1 个 OUTPUT（输出引脚）。同比较器逻辑图如图 1-28 所示。

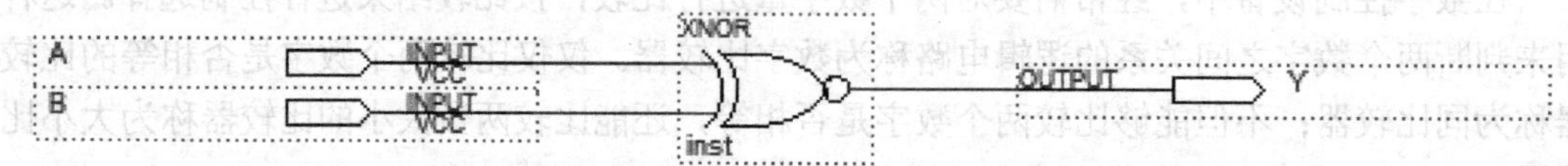

图 1-28　同比较器逻辑图

将此图形文件按名称 COMPA 保存在 E:\EXAM111 文件夹下。

3）编译。单击“Processing”→“Start Compilation”选项，启动全程编译。如果设计中存在错误，可以根据“Massage-Compiler”窗口所提供的信息进行修改，重新编译，直到没有错误为止。

4．波形仿真

1）单击“File”→“New”选项，选中 University Program VWF 选项，单击“OK”按钮，建立波形输入文件。

2）单击“Edit”→“Set End Time”选项，设定仿真时间为 1us；单击“Edit”→“Grid Size…”选项，设定仿真时间周期为 100ns。将波形文件以 COMPA 为名称存入文件夹 E:\EXAM111 文件夹下。

3）双击波形编辑器“Name”下的空白处，打开插入引脚或“总线”对话框。

4）单击该对话框的“Node Find…”按钮，打开引脚搜索对话框，选中 Pins:all，然后单击“list”按钮。在下方的 Nodes Finder 窗口中会出现设计项目的所有端口引脚名。

5）选中输入端口节点 A、B 和输出信号节点 Y 后，单击窗口中间的方向按钮，将引脚进入窗口右侧的选择区，单击“OK”按钮；回到插入引脚或“总线”对话框，再次单击“OK”按钮。

6）调整波形坐标间距后，选中输入引脚 A，单击波形编辑按钮，并在 Period 输入框内输入 200，单位选 ns；选中输入引脚 B，单击波形编辑按钮，并在 Period 输入框内输入 400，单位选 ns。

7）单击菜单栏中的“Simulation”→“Run Functional Simulation”选项或工具栏中的按钮，启动仿真。使用调整焦距工具调整波形坐标间距，仿真结果如图 1-29 所示。

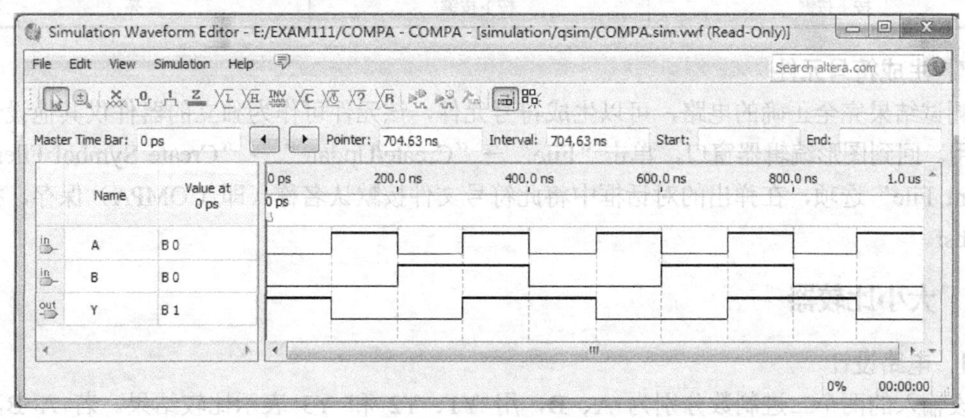

图 1-29　仿真结果

5. 编程

1）单击标题栏中的“Assignments”→“Pin Planner”选项，出现引脚规划窗口。

2）在 Location 输入框中，用鼠标双击，再单击出现的弹出式菜单的下拉式箭头，出现的下拉菜单列出所选用芯片的所有可用引脚，可根据所使用的实验箱或开发板的引脚分配情况锁定引脚。将输入信号引脚锁定为按键、输出引脚锁定为发光二极管。

3）单击标题栏中的“Processing”→“Start Compilation”选项，再次启动全程编译。编译成功后，就可以将设计的程序下载到可编程逻辑芯片中。

4）使用电缆将计算机和实验箱连接，接通实验箱电源。单击“Tools”→“Programmer”选项，在编程窗口中进行硬件配置，可选择 LPT1 接口输出的 ByteBlasterMV、ByteBlasterⅡ或 USB-Blaster 编程器等硬件类型，编程方式选中 JTAG 编程方式。

5）单击“Add Files”按钮，在弹出的对话框中，再打开 output_files 文件夹，单击选中 COMPA.sof 文件，再单击“Start”按钮，即可开始对芯片编程。

6）如果建立项目时选定的芯片和实验箱适配板上的芯片不同，下载会失败。这时可单击“Project”→“Add/Remove Files in Project…”，打开“设置”对话框，单击右上角的“Device”按钮，重新选择器件，重新编译，重新锁定引脚，再次编译后即可重新下载。

6. 电路测试

输入信号为按键按下输入信号为 1，按键指示灯亮；按键抬起输入信号为 0，按键指示灯暗。输出信号为 1 时，信号灯亮；输出信号为 0 时，信号灯暗。同比较器电路测试结果如表 1-4 所示。

表 1-4　同比较器电路测试结果

输 入 端		输 出
A	B	Y
抬起按键	抬起按键	亮
抬起按键	按下按键	暗
按下按键	抬起按键	暗
按下按键	按下按键	亮

7. 生成符号元件

测试结果完全正确的电路，可以生成符号元件，该元件可作为独立的器件供其他设计项目调用。回到图形编辑器窗口，单击“File”→“Create/Update”→“Create Symbol Files for Current File”选项，在弹出的对话框中将此符号文件按默认名称（即 COMPA）保存，扩展名为.bsf。

1.3.2　大小比较器

1. 电路设计

设输入的两个二进制数分别为 A、B，用 Y1、Y2 和 Y3 表示比较结果。若 A>B，则 Y1=1、Y2=0、Y3=0；若 A=B，则 Y1=0、Y2=1、Y3=0；若 A<B，则 Y1=0、Y2=0、Y3=1。大小比较器的真值表如表 1-5 所示。

表 1-5　大小比较器的真值表

输 入 端		输 出 端		
A	B	Y1（A>B）	Y2（A=B）	Y3（A<B）
0	0	0	1	0
0	1	0	0	1
1	0	1	0	0
1	1	0	1	0

由真值表推导出大小比较器的逻辑表达式如下：

$$Y1 = A\overline{B} \qquad Y2 = \overline{A}\overline{B} + AB = A \odot B \qquad Y3 = \overline{A}B$$

2. 建立项目

1）在计算机的 E 盘，建立文件夹 E:\EXAM112 作为项目文件夹。

2）启动 Quartus II，单击“Create a New Project”按钮打开新项目建立向导，也可以单击菜单“File”→“New”→“New Quartus II Project”，在新项目建立向导对话框中分别输入项目文件夹、项目名和顶层设计实体名，项目名为 COMPB，顶层设计实体名也为 COMPB。

3）由于采用图形输入方式，在“添加文件”对话框的 File name 中输入 COMPB.bdf，然后单击“Add”按钮，添加该文件。

4）在器件设置对话框中，根据实验箱或开发板上使用的器件决定选择的芯片系列和具体元件，本书选择“Cyclone Ⅳ E”系列的EP4CE6E22C8芯片。

5）单击“Finish”按钮，关闭新项目建立向导。

☞注意：

软件的标题栏必须变为E:/EXAM112/COMPB- COMPB。

3．编辑与编译

1）编辑。单击“File”→“New”选项，选中“Block Diagram/Schematic File”，单击“OK”按钮，打开图形编辑器窗口。

2）用鼠标双击图形文件编辑窗口的编辑区，打开元件输入对话框。根据大小比较器的逻辑表达式，依次输入两个NOT（非门）、两个AND2（与门）、1个XNOR（同或门）、两个INPUT（输入引脚）和3个OUTPUT（输出引脚）。大小比较器逻辑图如图1-30所示。

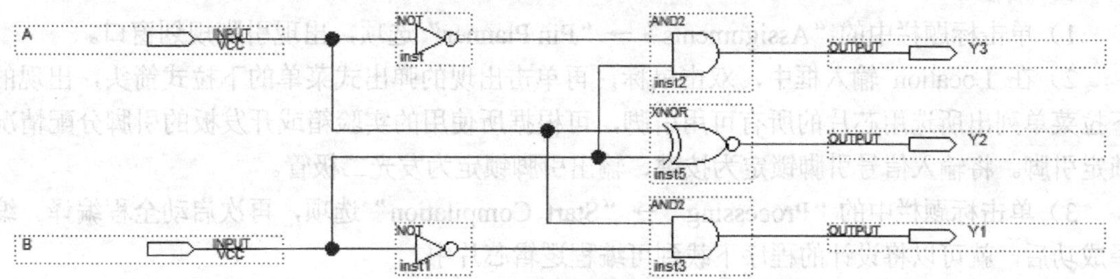

图1-30　大小比较器逻辑图

将此图形文件按名称COMPB保存在E:\EXAM112文件夹下。

3）编译。单击“Processing”→“Start Compilation”选项，启动全程编译。如果设计中存在错误，可以根据“Massage-Compiler”窗口所提供的信息进行修改，重新编译，直到没有错误为止。

4．波形仿真

1）单击“File”→“New”选项，选中“University Program VWF”选项，单击“OK”按钮，建立波形输入文件。

2）单击波形编辑窗口的“Edit”→“Set End Time”选项，设定仿真时间为1us；单击“Edit”→“Grid Size…”选项，设定仿真时间周期为40ns。将波形文件以COMPB为名称存入文件夹E:\EXAM112文件夹下。

3）用鼠标双击波形编辑器“Name”下的空白处，打开插入引脚或总线对话框。

4）单击该对话框的“Node Find…”按钮，打开引脚搜索对话框，选中“Pins:all”，然后单击“list”按钮。在下方的Nodes Finder窗口中会出现设计项目的所有端口引脚名。

5）选中输入端口节点A、B和输出信号节点Y1、Y2、Y3后，单击窗口中间的方向按钮，将引脚进入窗口右侧的选择区，单击“OK”按钮；回到插入引脚或总线对话框，再次单击“OK”按钮。

6）调整波形坐标间距后，选中输入引脚A，单击波形编辑按钮X©，并在Period输入框内输入40，单位选ns；选中输入引脚B，单击波形编辑按钮X©，并在Period输入框内输入

80，单位选 ns。

7）单击菜单栏中的“Simulation”→“Run Functional Simulation”选项或工具栏中的 按钮，启动仿真。使用调整焦距工具调整波形坐标间距，仿真结果如图 1-31 所示。

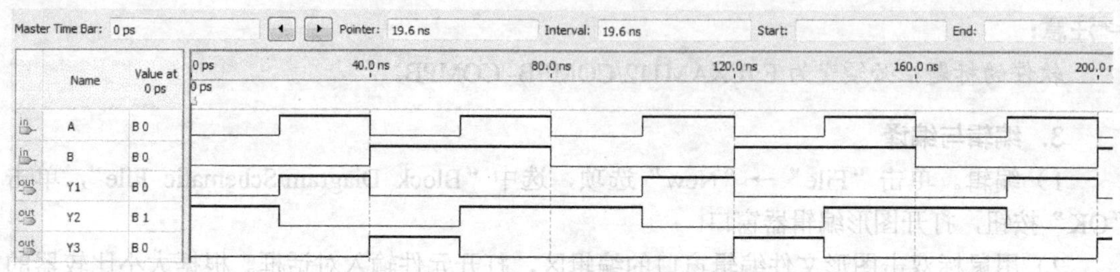

图 1-31　仿真结果

5．编程

1）单击标题栏中的“Assignments”→“Pin Planner”选项，出现引脚规划窗口。

2）在 Location 输入框中，双击鼠标，再单击出现的弹出式菜单的下拉式箭头，出现的下拉菜单列出所选用芯片的所有可用引脚，可根据所使用的实验箱或开发板的引脚分配情况锁定引脚。将输入信号引脚锁定为按键、输出引脚锁定为发光二极管。

3）单击标题栏中的“Processing”→“Start Compilation”选项，再次启动全程编译。编译成功后，就可以将设计的程序下载到可编程逻辑芯片中。

4）使用电缆将计算机和实验箱连接，接通实验箱电源。单击“Tools”→“Programmer”选项，在编程窗口中进行硬件配置，可选择 LPT1 接口输出的 ByteBlasterMV、ByteBlasterⅡ或 USB-Blaster 编程器等硬件类型，编程方式选中 JTAG 编程方式。

5）单击“Add Files”按钮，在弹出的对话框中，再打开 output_files 文件夹，单击选中“COMPB.sof”文件，再单击“Start”按钮，即可开始对芯片编程。

6．电路测试

输入信号为按键按下输入信号为 1，按键指示灯亮；按键抬起输入信号为 0，按键指示灯暗。输出信号为 1 时，信号灯亮；输出信号为 0 时，信号灯暗。大小比较器电路测试结果如表 1-6 所示。

表 1-6　大小比较器电路测试结果

输　入　端		输　出　端		
A	B	Y1（A>B）	Y2（A=B）	Y3（A<B）
抬起按键	抬起按键	暗	亮	暗
抬起按键	按下按键	暗	暗	亮
按下按键	抬起按键	亮	暗	暗
按下按键	按下按键	暗	亮	暗

7．生成符号元件

测试结果完全正确的电路，可以生成符号元件，该元件可作为独立的器件供其他设计项目调用。回到图形编辑器窗口，单击“File”→“Create/Update”→“Create Symbol Files for

Current File”选项，在弹出的对话框中将此符号文件按默认名称（即 COMPB）保存，扩展名为.bsf。

1.3.3 四位同比较器

1. 电路设计

设计二个四位二进制数据的同比较器。两个四位二进制数的同比较器，可以在一位二进制数同比较器的基础上完成。如果两个四位二进制数的每一数据位都相同，则两个数据相同；只要有一个数据位不相同，则两个数据不同。

设输入的两个四位二进制数分别为 A[3..0]、B[3..0]，用 Y 表示比较结果。若两数相同，输出 1；两数不等输出 0。

2. 建立项目

1）在计算机的 E 盘，建立文件夹 E:\EXAM113 作为项目文件夹。

2）启动 QuartusⅡ，单击“Create a New Project”按钮打开新项目建立向导，也可以单击菜单“File”→“New”→“New Quartus II Project”，在新项目建立向导对话框中分别输入项目文件夹、项目名和顶层设计实体名，项目名为 COMPC，顶层设计实体名也为 COMPC。

3）采用图形输入方式，在添加文件对话框的 File name 中输入 COMPC.bdf，然后单击“Add”按钮，添加该文件。

4）由于需要使用先前生成的数据同比较器元件 COMPA.bsf，可单击添加文件对话框的 File name 右侧的按钮，选择 E:\EXAM111 文件夹下的 COMPA.bdf，再次单击“Add”按钮，添加 COMPA.bsf 文件。

5）在器件设置对话框中，根据实验箱或开发板上使用的器件决定选择的芯片系列和具体元件，本书选择 Cyclone Ⅳ E 系列的 EP4CE6E22C8 芯片。

6）单击“Finish”按钮，关闭新项目建立向导。

☞**注意**：

软件的标题栏必须变为 E:/EXAM113/COMPC- COMPC。

3. 编辑与编译

1）编辑。单击“File”→“New”选项，选中“Block Diagram/Schematic File”，单击“OK”按钮，打开图形编辑器窗口。

2）用鼠标双击图形文件编辑窗口的编辑区，打开“元件输入”对话框。依次输入 1 个 AND4（4 输入端与门）、两个 INPUT（输入引脚）和 1 个 OUTPUT（输出引脚）。

3）再次打开“元件输入”对话框，单击“元件输入”对话框中 Name 输入框右侧按钮，在弹出的“打开”对话框选择 E:\EXAM111 文件夹下的 COMPA.bsf 文件，并复制成 4 个。如果找不到 COMPA.bsf 文件，可能是完成同比较器项目时，没有生成该元件，这时可打开同比较器项目生成即可。

4）命名节点线：选中与总线连接的节点线（在线上单击），即可输入节点线名称，但需要注意连接信号输入、输出端的节点线，其名称要与相应引脚的名称对应。例如与引脚 A[3..0]相连的 4 条节点线分别命名为 A[3]、A[2]、A[1]和 A[0]，不同的节点线名代表总线的数据分配关系。还要注意输入的节点线名称的颜色与节点线的颜色必须相同，不同就是没有选中，需要重新做。

按照逻辑关系将其连接，按照总线和节点的规则命名引脚和连接导线的名称后，可不用连接。四位数据同比较器如图 1-32 所示。

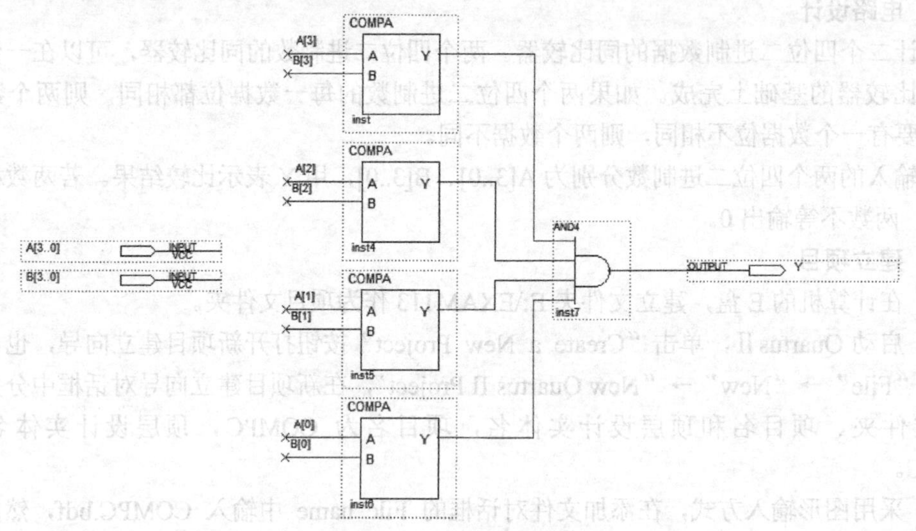

图 1-32　四位数据同比较器

将此图形文件按名称 COMPC，保存在 E:\EXAM113 文件夹下。

5）编译。单击“Processing”→“Start Compilation”选项，启动全程编译。如果设计中存在错误，可以根据“Massage-Compiler”窗口所提供的信息进行修改，重新编译，直到没有错误为止。

6）如果错误提示：Error (12006): Node instance "inst" instantiates undefined entity “COMPA”，建立项目时没有添加 COMPA 元件。

7）如果建立项目时没有添加 COMPA. bsf 元件，可单击“Project”→“Add/Remove Files in Project…”，打开设置对话框，在 Files 选项中添加 COMPA.bsf 文件后，重新编译。

4．波形仿真

1）单击“File”→“New”选项，选中“University Program VWF”选项，单击“OK”按钮，建立波形输入文件。

2）单击“Edit”→“Set End Time”选项，设定仿真时间为 2us；单击“Edit”→“Grid Size…”选项，设定仿真时间周期为 100ns。将波形文件以名存 COMPC 入文件夹 E:\EXAM113 文件夹下。

3）用鼠标双击波形编辑器“Name”下的空白处，打开插入引脚或“总线”对话框。

4）单击该对话框的“Node Find”按钮，打开引脚“搜索”对话框，选中“Pins:all”，然后单击“list”按钮。在下方的“Nodes Finder”窗口中会出现设计项目的所有端口引脚名。

5）选中输入端口节点 A、B 和输出信号节点 Y 后，单击窗口中间的方向按钮，将引脚进入窗口右侧的选择区，单击“OK”按钮；回到插入引脚或“总线”对话框，再次单击“OK”按钮。

6）调整波形坐标间距后，选中输入引脚 A，单击波形编辑按钮，并在 Count every 输入框内输入 100，单位选 ns；选中输入引脚 B，单击波形编辑按钮，并在 Period 输入框内输入 200，单位选 ns。

7）单击菜单栏中的“Simulation”→“Run Functional Simulation”选项或工具栏中的按钮，启动仿真。使用调整焦距工具调整波形坐标间距。四位数据同比较器的仿真波形如图 1-33 所示。

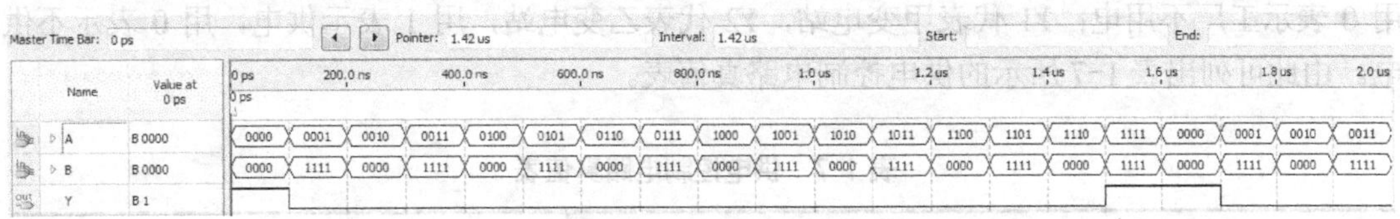

图 1-33　四位数据同比较器的仿真波形

5．编程

1）单击标题栏中的“Assignments”→“Pin Planner”选项，出现引脚规划窗口。

2）在 Location 输入框中，双击鼠标，再单击出现的弹出式菜单的下拉式箭头，出现的下拉菜单列出所选用芯片的所有可用引脚，可根据所使用的实验箱或开发板的引脚分配情况锁定引脚。将输入信号引脚锁定为按键、输出引脚锁定为发光二极管。

☞**注意：**

多位的总线引脚需要按位锁定，例如引脚 A 需要分别锁定 A[3]、A[2]、A[1]和 A[0]，不要锁定 A。总线引脚 B 与 A 的处理相同。

3）单击标题栏中的“Processing”→“Start Compilation”选项，再次启动全程编译。编译成功后，就可以将设计的程序下载到可编程逻辑芯片中。

4）使用电缆将计算机和实验箱连接，接通实验箱电源。单击“Tools”→“Programmer”选项，在编程窗口中进行硬件配置，可选择 LPT1 接口输出的 ByteBlasterMV、ByteBlasterⅡ或 USB-Blaster 编程器等硬件类型，编程方式选中 JTAG 编程方式。

5）单击“Add Files”按钮，在弹出的对话框中，再打开 output_files 文件夹，单击选中“COMPC.sof”文件，再单击“Start”按钮，即可开始对芯片编程。

6．电路测试

输入信号为按键按下输入信号为 1，按键指示灯亮；按键抬起输入信号为 0，按键指示灯暗。输出信号为 1 时，信号灯亮；输出信号为 0 时，信号灯暗。例如输入信号 A=“1001”、B=“1001”时，输出信号 Y 为高电平；输入信号 A=“1001”、B=“1010”时，输出信号 Y 为低电平。

1.4　实训　供电控制电路的设计

1．实训目标

1）熟练 QuartusⅡ软件的图形输入方式；

2）学会利用图形输入方式设计并实现数字电路；

3）能够通过波形分析验证电路性能。

2．实训题目

设计一个供电控制电路。3 个工厂由甲、乙两个变电站供电，如 1 个工厂用电，则由甲站供电；如两个工厂用电，则由乙站供电；如 3 个工厂用电，则由甲、乙两个站共同供电。

1）分析设计要求，列出真值表。设 *A*、*B*、*C* 分别代表 3 个工厂，用 1 表示工厂用电，用 0 表示工厂不用电；*Y*1 代表甲变电站，*Y*2 代表乙变电站，用 1 表示供电，用 0 表示不供电。由此可列出表 1-7 所示的供电控制电路真值表。

表 1-7　供电控制电路真值表

输　入			输　出	
A	*B*	*C*	*Y*1	*Y*2
0	0	0	0	0
0	0	1	1	0
0	1	0	1	0
0	1	1	0	1
1	0	0	1	0
1	0	1	0	1
1	1	0	0	1
1	1	1	1	1

2）根据真值表，写出逻辑函数表达式。

$$Y1 = \overline{A}\overline{B}C + \overline{A}B\overline{C} + A\overline{B}\overline{C} + ABC$$

$$Y2 = \overline{A}BC + A\overline{B}C + AB\overline{C} + ABC$$

3）将输出逻辑函数表达式化简。

$$Y1 = A \oplus B \oplus C$$

$$Y2 = AB + BC + AC$$

4）根据输出逻辑函数画出逻辑图。供电控制电路逻辑图如图 1-34 所示。

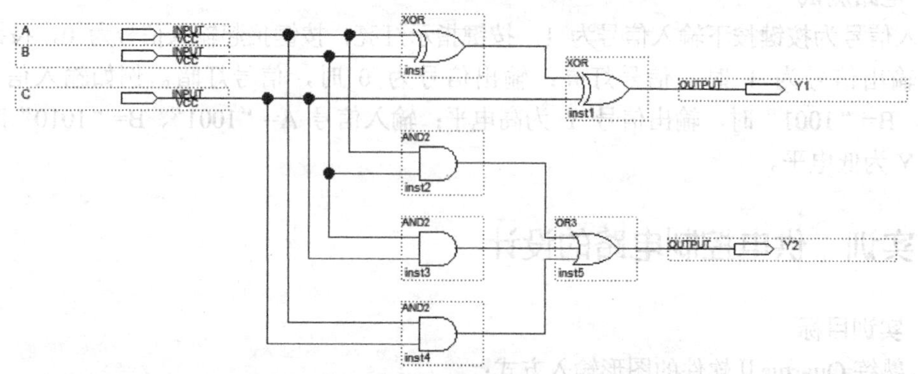

图 1-34　供电控制电路逻辑图

3．实训内容

1）建立项目。

2）编辑与编译。

3）波形仿真。

4）编程。

5）电路测试：将输入变量 A、B、C 的状态如表 1-7 所示的要求变化，观察输出端发光二极管的变化，并将结果记录到供电控制电路测试表 1-8 中。

表 1-8　供电控制电路测试

输　入			输　出	
工厂 A	工厂 B	工厂 C	供电站甲	供电站乙
暗	暗	暗		
暗	暗	亮		
暗	亮	暗		
暗	亮	亮		
亮	暗	暗		
亮	暗	亮		
亮	亮	暗		
亮	亮	亮		

4．实训报告

1）记录仿真波形。

2）整理电路测试记录表，分析实训结果。

3）说明电路设计过程。

1.5　习题

1．填空

1）一般把 EDA 技术的发展分为（　　）、CAED、（　　）和（　　）4 个阶段。

2）目前应用较多并成为 IEEE 标准硬件描述语言主要有（　　）和（　　）两种。

3）在编辑文件前，应先选择下载的目标芯片，否则系统将以（　　）的目标芯片为基础完成设计文件的编译。

4）QuartusII 的设计文件编辑完成后，一定要通过（　　），检查设计文件是否正确，并生成相应文件。

5）指定设计电路输入/输出端口与目标芯片引脚连接关系的过程称为（　　）。

2．单项选择

1）Quarutus II 是一种（　　）。

A．高级语言　　B．硬件描述语言

C．EDA 工具软件　　D．文本综合软件

2）使用 Quarutus II 工具软件实现原理图设计输入时，应采用（　　）方式。

A．图形编辑　　　B．文本编辑　　　C．符号编辑　　　D．波形编辑

3）使用 Quarutus II 的图形编辑方式输入的电路原理图文件必须通过（　　）才能进行仿真验证。

A．编辑　　　B．编译　　　C．综合　　　D．编程

4）Quarutus II 的设计文件不能直接保存在（　　）下。

A．硬盘　　　B．根目录　　　C．文件夹　　　D．项目目录

5）Quartus II 的波型文件类型是（　）。

A．.vwf　　　B．.bdf　　　C．.vhd　　　D．.v

3．创建新项目的步骤有哪些？

4．画出 Quartus II 设计数字电路的流程。

5．Quartus II 中项目名和顶层设计实体名有何关系？

6．分析图 1-35 所示的逻辑电路的功能，并列出真值表。

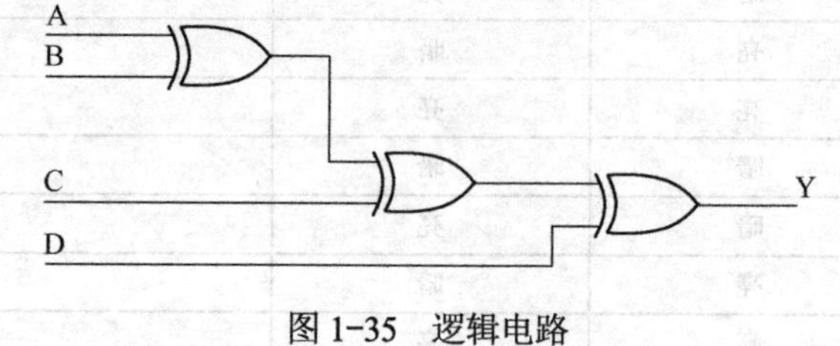

图 1-35　逻辑电路

7．设计一个 A>B 的比较器。要求 A 与 B 都是两位二进制数。

第 2 章　数据运算器的设计

本章要点

- 可编程逻辑器件
- Quartus Ⅱ软件的图形输入方式
- Quartus Ⅱ软件 LPM 宏单元库

2.1　可编程逻辑器件

无论简单还是复杂的数字系统都是由逻辑门电路构成。由于逻辑函数可以相互转换，因此可以用基本逻辑门如与门、或门和非门的组合代替其他逻辑门。把大量的基本逻辑门电路集成在一个芯片中，通过编程将部分基本逻辑门按照逻辑关系连接起来，就可以实现一个数字系统，改变连线关系则可以实现另一个数字系统。这种可以通过编程改变逻辑门连接关系的集成电路芯片就是可编程逻辑器件（PLD），现已成为设计数字系统的理想器件。

2.1.1　特点与分类

随着微电子技术的发展，单位芯片集成度的不断提高，可编程逻辑器件的应用越来越广泛，其品种也越来越多，了解可编程逻辑器件的特点和分类，对于器件的正确选择非常重要。

1. PLD 的特点

1）集成度高、可靠性好。PLD 器件集成度高，一片 PLD 可代替几片、几十片乃至上百片中小规模的通用集成电路芯片。用 PLD 器件实现数字系统所使用的芯片数量少，占用印制电路板面积小，整个系统的硬件规模明显减少。同时，由于减少了实现系统所需要的芯片数量，在印制电路板上的引线以及焊点数量也随之减少，所以系统的可靠性得以提高。

2）工作速度快。PLD 器件本身的工作速度很快，用 PLD 实现数字系统所需要的电路级数又少，因而整个系统的工作速度会得到提高，可以比单片机的速度快出许多倍。

3）提高系统的设计灵活性。在系统的研制阶段，由于设计错误或任务变更而修改设计的事情经常发生。使用不可编程的通用器件时，修改设计就要更换或增减器件，有时还不得不更换印制电路板。使用 PLD 器件后情况就大为不同，由于 PLD 器件引脚数量多，传输方式灵活（多数引脚可做输入，也可做输出），又有可擦除重新编程的能力，因此对原设计进行修改时，只需要修改原设计的文本文件，再对 PLD 芯片重新编程即可，而不需要修改电路布局，更不需要重新加工印制电路板，这就大大提高了系统设计的灵活性。

4）缩短设计周期。由于 PLD 器件集成度高、印制电路板电路布局布线简单、性能灵活、修改设计方便、开发工具先进、自动化程度高。因此，可大大缩短系统的设计周期，加快产品投放市场的速度，提高产品的竞争能力。

5）增加系统的保密性能。多数 PLD 包含一个可编程的保密位，该保密位控制着器件内部数据的读出。当保密位被编程时，器件内的设计不能被读出；当擦除重新编程时，保密位和其他的编程数据一同被擦除。

2. PLD 的分类

从器件结构上看，目前使用的可编程逻辑器件都是由输入缓冲电路、与阵列、或阵列和输出电路 4 部分组成。与阵列和或阵列是器件的核心，与阵列用来产生乘积项，或阵列用来产生乘积项之和形式的函数。输入缓冲电路可以产生输入变量的原变量和反变量，输出电路可以是组合输出、时序输出或是可编程的输出电路结构，输出信号还可以通过内部通道反馈到输入端。根据结构特点可以将 PLD 划分为简单 PLD（SPLD）、复杂 PLD（CPLD）和现场可编程门阵列（FPGA）3 类。

1）简单 PLD（SPLD）。指早期的可编程逻辑器件，包括可编程只读存储器（PROM）、可编程逻辑阵列（PLA）、可编程阵列逻辑（PAL）和通用阵列逻辑（GAL）4 类器件。其结构主要由与门阵列和或门阵列组成，能够以积之和的形式实现逻辑函数。由于任意一个组合逻辑都可以用与或表达式来描述，所以简单 PLD 能够完成大量的组合逻辑功能，并且具有较高的速度和较好的性能。

2）复杂 PLD（CPLD）。由简单 PLD 中的 GAL 类器件发展而来，可以看作是对简单可编程逻辑器件的扩充。通常由大量可编程逻辑宏单元围绕一个位于中心的、延时固定的可编程互联矩阵组成。其中可编程逻辑宏单元结构较为复杂，具有复杂的 I/O 单元互连结构，可根据用户需要生成特定的电路结构，完成一定功能。众多的可编程逻辑宏单元被分成若干个逻辑块，每个逻辑块类似于一个简单 PLD。可编程互联矩阵根据用户需要实现 I/O 单元与逻辑块、逻辑块与逻辑块之间的连线，构成信号传输的通道。由于 CPLD 内部采用固定长度的金属线进行各逻辑块的互联，而可编程逻辑单元又是固定数量的逻辑组合阵列，因此从输入到输出的布线延时容易计算出来，可预测延时的特点使 CPLD 便于实现对时序要求严格的电路。

3）现场可编程门阵列（FPGA）。通常包含可编程逻辑块、可编程 I/O 块、可编程连线 3 类可编程资源。即可编程逻辑块排列成阵列、可编程 I/O 块在阵列的四周和可编程连线围绕着逻辑块，FPGA 通过对连线编程，将逻辑块有效地组合起来，实现用户要求的特定功能。现场可编程是指设计者可以在工作状态下，安排或修改编程资源之间的连接关系。

2.1.2 编程工艺

编程工艺是指将系统设计的功能信息存储到器件的过程。不同类型的器件其编程工艺也不同，在选择器件时，同样需要考虑器件的编程工艺。

1. 简单 PLD 的编程工艺

简单 PLD 采用熔丝（Fuse）编程工艺，其原理是在器件可以编程的互联节点上设置有相应的熔丝。在编程时，对需要去除连接的节点上通以编程电流烧掉熔丝，而需要保持连接的节点则不通电保留熔丝，编程结束后器件内熔丝的分布情况就决定了器件逻辑功能。熔丝烧断后造成永久性开路，不能恢复，因此只能编程一次，不能重复修改，不适宜在系统研发和实验阶段使用。熔丝开关很难测试可靠性，在器件编程时，即使发生数量非常小的错误，也会造成器件功能不正确。另外，为了保证熔丝熔化时产生的金属物质不影响器件的其他部分，还需要留出较大的保护空间，因此熔丝占用的芯片面积比较大。

简单 PLD 只允许编程一次，不利于设计调试与修改。但是，其抗干扰能力强、工作速度快，集成度与可靠性都很高，并且价格相对低廉。

2. CPLD 的编程工艺

CPLD 器件采用可重复的编程工艺，主要有 EPROM（可擦除的 ROM）、E^2PROM（可电擦除的 ROM）和 Flash ROM（闪速擦除的 ROM）工艺。

1）EPROM：采用浮栅编程技术，即使用悬浮栅存储电荷的方法来保存编程数据，在断电时存储的数据不会丢失，保存 10 年，其电荷损失不大于 10%。擦除 EPROM 时，需要将器件放在紫外线或 X 射线下照射 10~20 分钟，使浮栅中的电子获得足够能量返回底层。其缺点是擦除时间较长，且需要专门的器件。

2）E^2PROM（或 EEPROM）：采用隧道浮栅编程技术，其编程和擦除都是通过在 MOS 管的漏极和控制栅上，加一定幅度和极性的电脉冲实现，不需要紫外线照射。E^2PROM 的擦除和写入都是逐点进行的，对每一个点先擦后写，需要花费一定的时间。随着工艺水平的提高，擦写所需的时间很短，数万门的 CPLD 其擦写时间也不超过 1s，允许擦写的次数可达万次以上。与 EPROM 相比，具有擦除方便、速度快的优点，因而受到用户的欢迎。

3）Flash ROM：采用没有隧道的浮栅编程技术，栅极靠衬底较近，是 E^2PROM 编程器件的改进型。擦写过程与 E^2PROM 基本一致，但擦除不是逐点进行，而是一次全部擦除，然后再逐点改写，所以其速度比 E^2PROM 编程器件还要快。

3. FPGA 的编程工艺

FPGA 器件常用的编程工艺主要有反熔丝 (Antifuse)和静态存储器（SRAM）两种。Actel 公司的 FPGA 采用反熔丝工艺，Xilinx 公司的 FPGA 采用 SRAM 工艺。

1）反熔丝（Antifuse)：反熔丝技术是通过击穿介质达到连通线路的目的。当有高电压（18V）加到夹在两层导体之间的介质时，介质会被击穿，把两层导电材料连通，接通电阻小于 1kΩ。反熔丝在硅片上只占一个通孔的面积，在一个 2000 门的器件，可以设置 186000 个反熔丝，平均每门接近 100 个反熔丝，因此，反熔丝元件占用的硅片面积很小。其特点是工作稳定可靠，但只允许编程一次。

2）静态存储器（SRAM)：每个连接点用一个静态触发器控制的开关代替熔丝，当触发器被置 1 时，开关接通；置 0 时，开关断开。在系统不加电时，编程数据存储在片外的 E^2PROM 器件、Flash ROM 器件、硬盘或软盘中。在系统上电时，把这些编程数据立即写入到 FPGA 中，从而实现对 FPGA 的动态配置；系统掉电时，片内的编程数据将全部丢失。

2.1.3 逻辑表示方法

PLD 电路的主体是由与阵列和或阵列构成，靠这些阵列的编程组合实现逻辑函数。为了适应各种输入情况，与阵列的每个输入端都有输入缓冲电路，从而使输入信号具有足够的驱动能力，并产生原变量和反变量两个互补的信息。有些 PLD 的输入电路还包含锁存器，甚至是一些可以组态的输入宏单元，可对输入信号进行预处理。PLD 的输出方式有多种：可以由阵列直接输出（组合方式），也可以通过寄存器输出（时序方式）。输出可以是低电平有效，也可以是高电平有效。但是不管采用什么方式，在输出端上往往带有三态电路，还有内部通路可以将输出信号反馈到阵列输入端。新型 PLD 器件将输出电路做成宏单元，可以根据需要对其输出方式进行组态编辑，从而使 PLD 的功能更灵活，更完善。

由于 PLD 器件内含有大量的门电路，阵列规模较大，阵列间的引线众多，因而在描述

PLD 内部电路时都采用特定的简化表示方法。

1．缓冲器和连接点

缓冲器和连接点符号如图 2-1 所示。

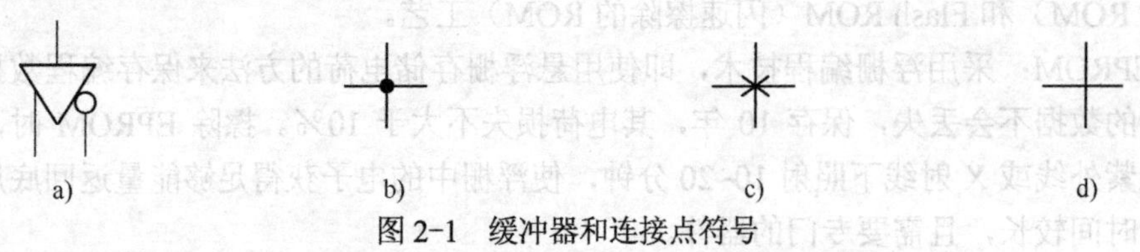

图 2-1　缓冲器和连接点符号

a) 缓冲器　b) 固定连接　c) 编程连接　d) 没有连接

从图 2-1 中可以看出 PLD 有 3 种连线连接方式：连线交叉点处为实点标记，表示固定连接；交叉点为×标记表示编程连接；连线交叉但无标记的表示没有连接。

2．与门和或门

所有输入变量都用列线表示，和逻辑门的输入线垂直相交，依照连线连接方式表示的逻辑门输入组合情况，逻辑门的输入组合如图 2-2 所示。

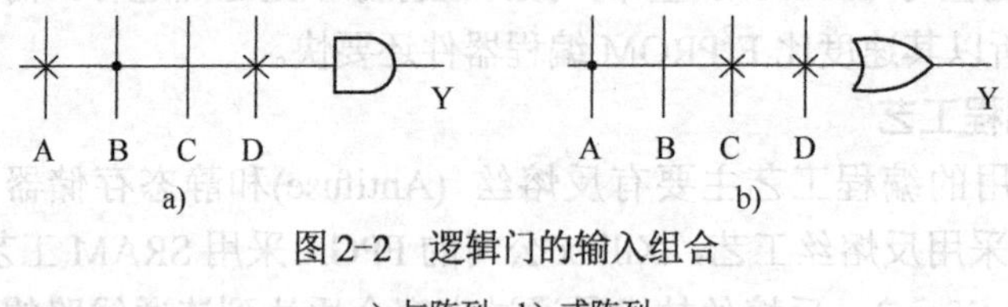

图 2-2　逻辑门的输入组合

a) 与阵列　b) 或阵列

从图 2-2 中可以看出，与阵列的逻辑关系是 Y=ABD，或阵列的逻辑关系是 Y=A+C+D。

2.1.4　Altera 公司的器件

Altera 公司是 20 世纪 90 年代以来发展较快的 PLD 生产厂家，在激烈的市场竞争中，凭借其雄厚的技术实力，独特的设计构思和功能齐全的芯片系列，跻身于世界最大的可编程逻辑器件供应商之列。Altera 公司的 PLD 分为 CPLD 和 FPGA 两类。

CPLD 器件主要有 Classic 系列、MAX 3000 系列、MAX 5000 系列、MAX 7000 系列和 MAX 9000 系列，这些器件系列都具有可重复编程的功能，Classic 系列和 MAX 5000 系列采用 EPROM（紫外线擦除的可编程存储器）工艺；MAX 3000、MAX 7000、MAX 9000 系列采用 E^2PROM（电可擦除可编程存储器）工艺，其中 MAX 7000 系列在国内应用较为广泛，例如 EPM7128、EPM7256 等。

FPGA 器件主要有 FLEX 10K 系列、FLEX 6000 系列、FLEX 8000 系列、Cyclone 系列、Stratix 系列、ACEX 1K 系列和 APEX 20K 系列等。在编程工艺上，这些系列都采用 SRAM（静态随机存储器）工艺。其中 FLEX 10K、Cyclone 和 ACEX 1K 系列在国内较为常用，例如 EPF 10K 100、EP1C6Q、EP1C12Q 和 EP1K30 等。

Altera 公司的 CPLD 和 FPGA 都是由逻辑单元、I/O 单元和互连 3 部分组成。其中 I/O 单元的功能基本一致，但二者的逻辑单元、互联以及在编程工艺上都有很大的差别，这些区别决定了二者应用范围的差别。

1. 逻辑单元

CPLD 中的逻辑单元是大单元，其变量数可以多达 20 多个。因为变量多，所以只能采用 PAL（即乘积项结构）。由于这样的单元功能强大，一般的逻辑在单元内均可实现，因而其互联关系简单，通过总线即可实现。电路的延时通常就是逻辑单元本身和总线的延时（在数纳秒到十几纳秒之间），但芯片内的触发器数量相对较少。CPLD 较适合控制器等逻辑型系统，这种系统的逻辑关系复杂，输入变量多，对触发器的需要量少。

FPGA 逻辑单元是小单元，每个单元有 1～2 个触发器，其输入变量通常只有几个，因此采用 PROM（即查表结构）。这样的工艺结构占用芯片面积小，速度高（延时只有 1～2ns），每块芯片上能集成的单元数多，但逻辑单元的功能弱。FPGA 较适合信号处理等数据型系统，这种系统的逻辑关系简单，输入变量少，对触发器的需要量多。

2. 互联

CPLD 逻辑单元大，单元数量少，互联使用的是总线，其互联特点是总线上任意一对输入与输出之间的延时相等，而且是可预测的。

FPGA 因逻辑单元小，单元数量多，所以互联关系复杂，使用的互联方式较多，主要有分段总线、长线和直连等方式。分段总线分布在各单元之间，通过配置将不同位置的单元连接起来，但速度慢。长线有水平长线和垂直长线两种，贯穿芯片内部，相当于高速公路，使用频率较高，速度快。直联是速度最快的一种互连方式，但只限于单元与其四周的 4 个单元之间。由于一对单元之间的互联路径可以有多种，其速度不同，传输延迟也不好确定。应用 FPGA 时，除了逻辑设计外还要进行延时设计，通常需经数次设计和仿真，才能找出最佳设计方案。

3. 编程工艺

在 CPLD 中，常使用 EPROM、E^2PROM 和 Flash ROM 编程工艺。这种编程工艺可以反复编程，可多达上万次。但其一经编程片内逻辑就被固定（除非擦除），不会由于系统掉电而丢失。芯片内有可以加密的编程位，能够有效地保护知识产权，但功耗较大。

在 FPGA 中，常用 SRAM 编程工艺。这种编程工艺成本低、稳定可靠和编程速度快，可实现在系统编程。但系统掉电后编程信息不能保存，必须与存储器联用，在系统上电时需先对芯片编程，方能使用。另外，FPGA 的功耗小与 CPLD，且集成度越高越明显。

2.2 加法器的设计

加法器能够完成二进制数字的加法运算，是最基本的运算单元电路，有半加器和全加器两种。

2.2.1 半加器

只考虑两个加数本身的相加，不考虑来自低位的进位，这样的加法运算称为半加，实现这种运算的逻辑电路称为半加器。半加器可对两个一位二进制数进行加法运算，同时产生进位。

1. 题目要求

利用 Quartus II 软件的图形输入方式，设计一位二进制半加器，完成编译和波形仿真后，下载到实验平台验证电路功能。

2．电路设计

设半加器的输入端为 *A*（被加数）和 *B*（加数）；输出端为 *S*（和）和 *C*（进位）。根据半加器的题目要求列出真值表，半加器真值表如表 2-1 所示。

表 2-1　半加器真值表

数据输入		输出	
A	*B*	*S*	*C*
0	0	0	0
0	1	1	0
1	0	1	0
1	1	0	1

由真值表推导出半加器的逻辑表达式如下：

$$S = \bar{A}B + A\bar{B} = A \oplus B \qquad C = AB$$

3．建立项目

1）在计算机的 E 盘，建立文件夹 E:\EXAM221 作为项目文件夹。

2）启动 QuartusⅡ，单击“Create a New Project”按钮打开新项目建立向导，也可以单击菜单“File”→“New”→“New Quartus II Project”，在新项目建立向导对话框中分别输入项目文件夹、项目名和顶层设计实体名。项目名为 HADD，顶层设计实体名也为 HADD。

3）由于采用图形输入方式，在添加文件对话框的 File name 中输入 HADD.bdf，然后单击“Add”按钮，添加该文件。

4）在器件设置对话框中，根据实验箱或开发板上使用的器件决定选择的芯片系列和具体元件，本书选择 Cyclone Ⅳ E 系列的 EP4CE6E22C8 芯片。

5）单击“Finish”按钮，关闭新项目建立向导。

☞**注意**：

软件的标题栏必须变为 E:/EXAM211/HADD- HADD。

4．编辑与编译

1）编辑。单击 File”→“New 选项，选中“Block Diagram/Schematic File”，单击“OK”按钮，打开图形编辑器窗口。

2）打开图形文件编辑窗口，根据半加器的逻辑表达式，依次输入 1 个 XOR（异或门）、1 个 AND2（与门）、2 个 INPUT（输入引脚）和 2 个 OUTPUT（输出引脚），按照逻辑关系将其连接，半加器逻辑图如图 2-3 所示。

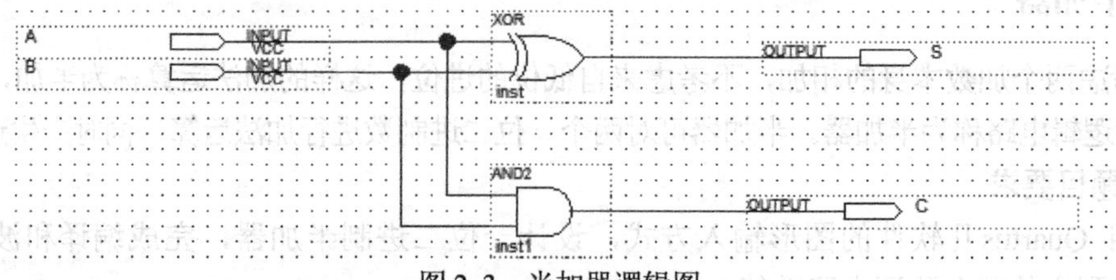

图 2-3　半加器逻辑图

将此图形文件按名称 HADD，保存在 E:\EXAM221 文件夹下。

3）编译。单击“Processing”→“Start Compilation”选项，启动全程编译。如果设计中存在错误，可以根据“Massage-Compiler”窗口所提供的信息进行修改，重新编译，直到没有错误为止。

5．波形仿真

1）单击“File”→“New”选项，选中“University Program VWF”选项，单击“OK”按钮，建立波形输入文件。

2）单击“Edit”→“Set End Time”选项，设定仿真时间为 1us；单击“Edit”→“Grid Size…”选项，设定仿真时间周期为 40ns。将波形文件以 HADD 为名称存入文件夹 E:\EXAM221 文件夹下。

3）用鼠标双击波形编辑器“Name”下的空白处，打开插入引脚或总线对话框。

4）单击该对话框的“Node Find…”按钮，打开引脚“搜索”对话框，选中 Pins：all，然后单击“list”按钮。在下方的 Nodes Finder 窗口中会出现设计项目的所有端口引脚名。

5）选中输入端口节点 A、B 和输出信号节点 S、C 后，单击窗口中间的方向按钮，将引脚进入窗口右侧的选择区，单击“OK”按钮；回到插入引脚或总线对话框，再次单击“OK”按钮。

6）调整波形坐标间距后，选中输入引脚 A，单击波形编辑按钮，并在 Count every 输入框内输入 40，单位选 ns；选中输入引脚 B，单击波形编辑按钮，并在 Count every 输入框内输入 80，单位选 ns。

7）单击菜单栏中的“Simulation”→“Run Functional Simulation”选项或工具栏中的按钮，启动仿真。使用调整焦距工具调整波形坐标间距，仿真结果如图 2-4 所示。

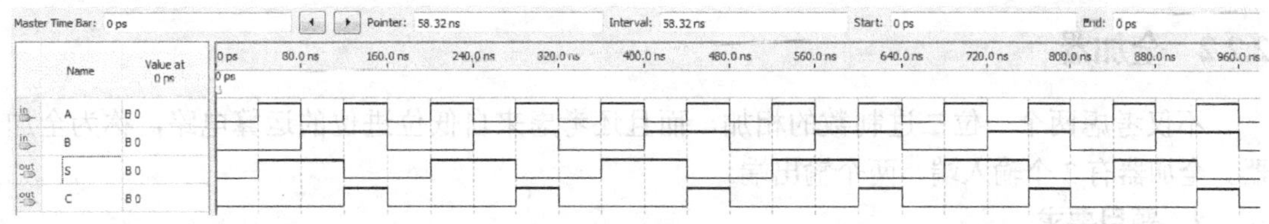

图 2-4 仿真结果

6．编程

1）单击标题栏中的“Assignments”→“Pin Planner”选项，出现引脚规划窗口。

2）在 Location 输入框中，双击鼠标，再单击出现的弹出式菜单的下拉式箭头，出现的下拉菜单列出所选用芯片的所有可用引脚，可根据所使用的实验箱或开发板的引脚分配情况锁定引脚。将输入信号引脚锁定为按键、输出引脚锁定为发光二极管。

3）单击标题栏中的“Processing”→“Start Compilation”选项，再次启动全程编译。编译成功后，就可以将设计的程序下载到可编程逻辑芯片中。

4）使用电缆将计算机和实验箱连接，接通实验箱电源。单击“Tools”→“Programmer”选项，在编程窗口中进行硬件配置，可选择 LPT1 接口输出的 ByteBlasterMV、ByteBlasterⅡ或 USB-Blaster 编程器等硬件类型，编程方式选中 JTAG 编程方式。

5）单击“Add Files”按钮，在弹出的对话框中，再打开 output_files 文件夹，单击选中

"HADD.sof"文件，再单击"Start"按钮，即可开始对芯片编程。

6）如果建立项目时选定的芯片和实验箱适配板上的芯片不同，下载会失败。这时可单击"Project"→"Add/Remove Files in Project…"，打开"设置"对话框，单击右上角的"Device"按钮，重新选择器件，重新编译，重新锁定引脚，再次编译后即可重新下载。

7．电路测试

输入信号为按键按下输入信号为 1，按键指示灯亮；按键抬起输入信号为 0，按键指示灯暗。输出信号为 1 时，信号灯亮；输出信号为 0 时，信号灯暗，半加器电路测试结果如表 2-2 所示。

表 2-2　半加器电路测试结果

数据输入端		输　出	
A	*B*	*S*	*C*
抬起按键	抬起按键	暗	暗
抬起按键	按下按键	亮	暗
按下按键	抬起按键	亮	暗
按下按键	按下按键	暗	亮

8．生成符号元件

测试结果完全正确的电路，可以生成符号元件，该元件可作为独立的器件供其他设计项目调用。回到图形编辑器窗口，单击"File"→"Create/Update"→"Create Symbol Files for Current File"选项，在弹出的对话框中将此符号文件按默认名称（即 HADD）保存，扩展名为.bsf。

2.2.2　全加器

不仅考虑两个一位二进制数的相加，而且还考虑来自低位进位的运算电路，称为全加器。全加器有 3 个输入端、两个输出端。

1．题目要求

利用 QuartusⅡ软件的图形输入方式，设计一位二进制全加器，完成编译和波形仿真后，下载到实验平台验证电路功能。

2．电路设计

设全加器的输入端为 *A*（被加数）、*B*（加数）和 C_i（低位进位）；输出端为 *S*（和）和 C_o（进位）。根据全加器的题目要求列出真值表，全加器真值表如表 2-3 所示。

表 2-3　全加器真值表

数 据 输 入			输　出	
A	*B*	C_i	*S*	C_o
0	0	0	0	0
0	0	1	1	0
0	1	0	1	0
0	1	1	0	1

（续）

数据输入			输出	
A	B	C_i	S	C_o
1	0	0	1	0
1	0	1	0	1
1	1	0	0	1
1	1	1	1	1

由真值表推到出全加器的逻辑表达式如下：

$$S = A \oplus B \oplus C_i \qquad C_o = AB + AC_i + BC_i$$

3. 建立项目

1）在计算机的 E 盘，建立文件夹 E:\EXAM222 作为项目文件夹。

2）启动 QuartusⅡ，单击“Create a New Project”按钮打开新项目建立向导，也可以单击菜单“File”→“New”→“New QuartusⅡProject”，在新项目建立向导对话框中分别输入项目文件夹、项目名和顶层设计实体名。项目名为 SADD，顶层设计实体名也为 SADD。

3）由于采用图形输入方式，在“添加文件”对话框的 File name 中输入 SADD.bdf，然后单击“Add”按钮，添加该文件。

4）在“器件设置”对话框中，根据实验箱或开发板上使用的器件决定选择的芯片系列和具体元件，本书选择 Cyclone Ⅳ E 系列的 EP4CE6E22C8 芯片。

5）单击“Finish”按钮，关闭新项目建立向导。

☞注意：

软件的标题栏必须变为 E:/EXAM222/SADD- SADD。

4. 编辑与编译

1）编辑。单击“File”→“New”选项，选中“Block Diagram/Schematic File”，单击“OK”按钮，打开图形编辑器窗口。

2）打开图形文件编辑窗口，依次输入 2 个 XOR（异或门）、3 个 AND2（与门）、1 个 OR3（或门）、3 个 INPUT（输入引脚）和 2 个 OUTPUT（输出引脚），按照逻辑关系将其连接，全加器逻辑图如图 2-5 所示。

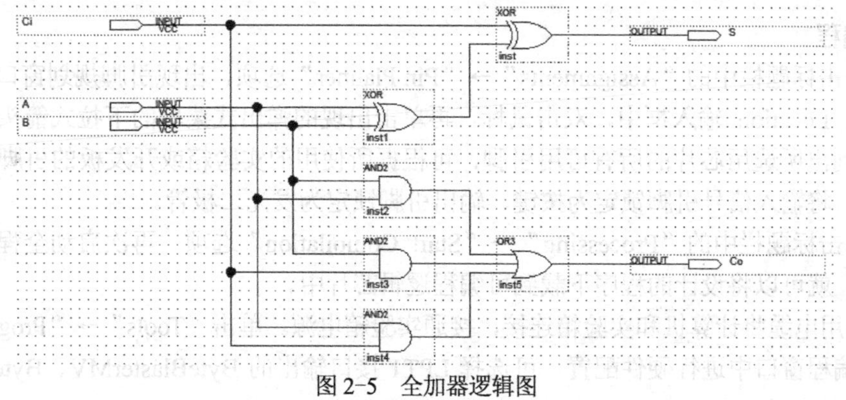

图 2-5　全加器逻辑图

将此图形文件按名称 SADD，保存在 E:\EXAM222 文件夹下。

3）编译。单击“Processing”→“Start Compilation”选项，启动全程编译。如果设计中存在错误，可以根据“Massage-Compiler”窗口所提供的信息进行修改，重新编译，直到没有错误为止。

5. 波形仿真

1）单击“File”→“New”选项，选中“University Program VWF”选项，单击“OK”按钮，建立波形输入文件。

2）单击“Edit”→“Set End Time”选项，设定仿真时间为 1us；单击“Edit”→“Grid Size…”选项，设定仿真时间周期为 40ns。将波形文件以 SADD 为名称存入文件夹 E:\EXAM222 文件夹下。

3）用鼠标双击波形编辑器“Name”下的空白处，打开插入引脚或总线对话框。

4）单击该对话框的“Node Find…”按钮，打开引脚搜索对话框，选中“Pins：all”，然后单击“list”按钮。在下方的 Nodes Finder 窗口中会出现设计项目的所有端口引脚名。

5）选中输入端口节点 A、B、Ci 和输出信号节点 S、Co 后，单击窗口中间的方向按钮，将引脚进入窗口右侧的选择区，单击“OK”按钮；回到插入引脚或总线对话框，再次单击“OK”按钮。

6）调整波形坐标间距后，选中输入引脚 A，单击波形编辑按钮 ，并在 Count every 输入框内输入 80，单位选 ns；选中输入引脚 B，单击波形编辑按钮 ，并在 Count every 输入框内输入 160，单位选 ns；选中输入引脚 Ci，单击波形编辑按钮 ，并在 Count every 输入框内输入 320，单位选 ns。

7）单击菜单栏中的“Simulation”→“Run Functional Simulation”选项或工具栏中的 按钮，启动仿真。使用调整焦距工具调整波形坐标间距，仿真结果如图 2-6 所示。

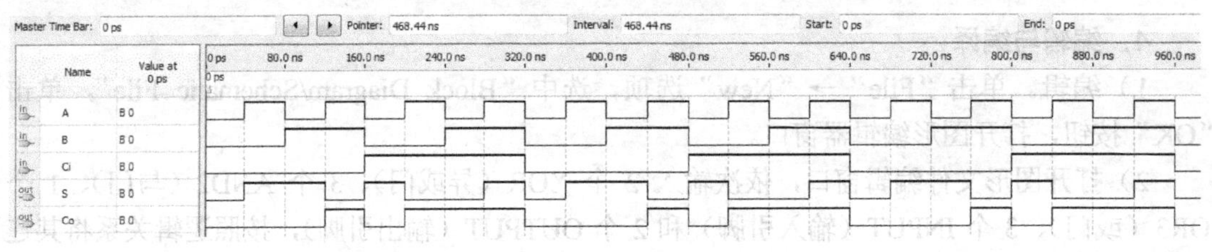

图 2-6　仿真结果

6. 编程

1）单击标题栏中的“Assignments”→“Pin Planner”选项，出现引脚规划窗口。

2）在 Location 输入框中，双击鼠标，再单击出现的弹出式菜单的下拉式箭头，出现的下拉菜单列出所选用芯片的所有可用引脚，可根据所使用的实验箱或开发板的引脚分配情况锁定引脚。将输入信号引脚锁定为按键、输出引脚锁定为发光二极管。

3）单击标题栏中的“Processing”→“Start Compilation”选项，再次启动全程编译。编译成功后，就可以将设计的程序下载到可编程逻辑芯片中。

4）使用电缆将计算机和实验箱连接，接通实验箱电源。单击“Tools”→“Programmer”选项，在编程窗口中进行硬件配置，可选择 LPT1 接口输出的 ByteBlasterMV、ByteBlasterⅡ

或 USB-Blaster 编程器等硬件类型，编程方式选中 JTAG 编程方式。

5）单击“Add Files”按钮，在弹出的对话框中，再打开 output_files 文件夹，单击选中“SADD.sof”文件，再单击“Start”按钮，即可开始对芯片编程。

6）如果建立项目时选定的芯片和实验箱适配板上的芯片不同，下载会失败。这时可单击“Project”→“Add/Remove Files in Project…”，打开“设置”对话框，单击右上角的“Device”按钮，重新选择器件，重新编译，重新锁定引脚，再次编译后即可重新下载。

7．电路测试

输入信号为按键按下输入信号为 1，按键指示灯亮；按键抬起输入信号为 0，按键指示灯暗。输出信号为 1 时，信号灯亮；输出信号为 0 时，信号灯暗，全加器实训结果如表 2-4 所示。

表 2-4　全加器实训结果

数据输入端			输　出	
A	B	C_i	S	C_0
抬起按键	抬起按键	抬起按键	暗	暗
抬起按键	抬起按键	按下按键	亮	暗
抬起按键	按下按键	抬起按键	亮	暗
抬起按键	按下按键	按下按键	暗	亮
按下按键	抬起按键	抬起按键	亮	暗
按下按键	抬起按键	按下按键	暗	亮
按下按键	按下按键	抬起按键	暗	亮
按下按键	按下按键	按下按键	亮	亮

8．生成符号元件

测试结果完全正确的电路，可以生成符号元件，该元件可作为独立的器件供其他设计项目调用。回到图形编辑器窗口，单击“File”→“Create/Update”→“Create Symbol Files for Current File”选项，在弹出的对话框中将此符号文件按默认名称（即 SADD）保存，扩展名为.bsf。

2.2.3　四位加法器

四位加法器是可以对两个四位二进制数进行加法运算，并考虑来自低位的进位。

1．题目要求

利用 Quartus II 软件的图形输入方式，设计四位加法器，完成编译和波形仿真后，下载到实验平台验证电路功能。

2．电路设计

四位加法器可以在半加器和全加器的基础上进行，利用 1 个半加器和 3 个全加器分别运算四位二进制数的每个数位。其应具备的引脚为输入端：A[3..0]、B[3..0]；输出端：S[3..0]、Bit（Bit=1 代表进位）。

3．建立项目

1）在计算机的 E 盘，建立文件夹 E:\EXAM223 作为项目文件夹。

2）启动 QuartusⅡ，单击“Create a New Project”按钮打开新项目建立向导，也可以单击菜单“File”→“New”→“New Quartus II Project”，在新项目建立向导对话框中分别输入项目文件夹、项目名和顶层设计实体名，项目名为 DADD，顶层设计实体名也为 DADD。

3）采用图形输入方式，在“添加文件”对话框的 File name 中输入 DADD.bdf，然后单击“Add”按钮，添加该文件。

4）由于需要使用先前生成的半加器元件 HADD. bsf 和全加器元件 SADD. bsf，可单击添加文件对话框的 File name 右侧的按钮，选择 E:\EXAM221 文件夹下的 HADD.bsf，单击“Add”按钮，添加 HADD.bsf 文件；再选择 E:\EXAM222 文件夹下的 SADD.bsf，再次单击“Add”按钮，添加 SADD.bsf 文件。

5）在“器件设置”对话框中，根据实验箱或开发板上使用的器件决定选择的芯片系列和具体元件，本书选择 Cyclone Ⅳ E 系列的 EP4CE6E22C8 芯片。

6）单击“Finish”按钮，关闭新项目建立向导。

☞**注意：**

软件的标题栏必须变为 E:/EXAM223/DADD-DADD。

4．编辑与编译

1）编辑。单击“File”→“New”选项，选中 Block Diagram/Schematic File，单击“OK”按钮，打开图形编辑器窗口。

2）用鼠标双击图形文件编辑窗口的编辑区，打开“元件输入”对话框。单击“元件输入”对话框中 Name 输入框右侧按钮，在弹出的“打开”对话框选择 E:\ EXAM221 文件夹下的 HADD.bsf 文件；再选择 E:\ EXAM222 文件夹下的 SADD.bsf 文件，并复制成 3 个，再依次输入两个 INPUT（输入引脚）和两个 OUTPUT（输出引脚）。

3）命名节点线：选中与总线连接的节点线（在线上单击），即可输入节点线名称，但需要注意连接信号输入、输出端的节点线，其名称要与相应引脚的名称对应。例如与引脚 A[3..0]相连的 4 条节点线分别命名为 A[0]、A[1]、A[2]和 A[3]，不同的节点线名代表总线的数据分配关系。还要注意输入的节点线名称的颜色与节点线的颜色必须相同，不同就是没有选中，需要重新做。

4）更改连线类型：选中连线单击右键，在弹出的下拉菜单中选择 Bus Line（总线）或 Node Line（节点线）选项。传送两个以上信号时，必须选用总线。按照逻辑关系将其连接，四位加法器逻辑图如图 2-7 所示。

将此图形文件按默认名称（即 DADD），保存在 EXAM223 文件夹下。

5）编译。单击“Processing”→“Start Compilation”选项，启动全程编译。如果设计中存在错误，可以根据“Massage-Compiler”窗口所提供的信息进行修改，重新编译，直到没有错误为止。

5．波形仿真

1）单击“File”→“New”选项，选中“University Program VWF”选项，单击“OK”按钮，建立波形输入文件。

2）单击“Edit”→“Set End Time”选项，设定仿真时间为 1us；单击“Edit”→“Grid Size…”选项，设定仿真时间周期为 40ns。将波形文件以 HADD 为名称存入文件夹

E:\EXAM223 文件夹下。

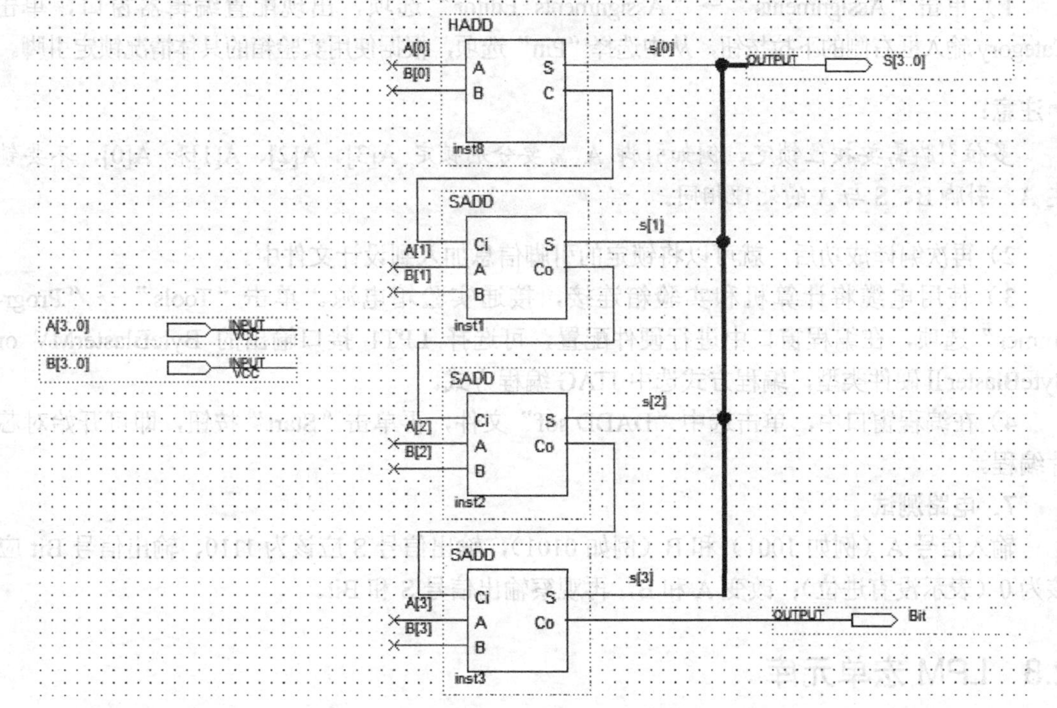

图 2-7　四位加法器逻辑图

3）用鼠标双击波形编辑器“Name”下的空白处，打开插入引脚或总线对话框。

4）单击该对话框的“Node Find…”按钮，打开引脚搜索对话框，选中 Pins：all，然后单击“list”按钮。在下方的 Nodes Finder 窗口中会出现设计项目的所有端口引脚名。

5）选中输入端口节点 A、B 和输出信号节点 S、Bit 后，单击窗口中间的方向按钮，将引脚进入窗口右侧的选择区，单击“OK”按钮；回到插入引脚或总线对话框，再次单击“OK”按钮。

6）调整波形坐标间距后，选中输入引脚 A，单击波形编辑按钮，并在 Count every 输入框内输入 80，单位选 ns；选中输入引脚 B，单击波形编辑按钮，并在 Start value 输入框内输入“0101”，在 Count every 输入框内输入 80，单位选 ns。

7）单击菜单栏中的“Simulation”→“Run Functional Simulation”选项或工具栏中的按钮，启动仿真。使用调整焦距工具调整波形坐标间距，四位加法器仿真波形如图 2-8 所示。

Name	Value at 0 ps	0 ps	80.0 ns	160.0 ns	240.0 ns	320.0 ns	400.0 ns	480.0 ns	560.0 ns	640.0 ns	720.0 ns	800.0 ns	880.0 ns	960.0 ns
A	B 0000	0000	0001	0010	0011	0100	0101	0110	0111	1000	1001	1010	1011	1100
B	B 0101	0101	0110	0111	1000	1001	1010	1011	1100	1101	1110	1111	0000	0001
S	B 0101	0101	0111	1001	1011	1101	1111	0001	0011	0101	0111	1001	1011	1101
Bit	B 0													

图 2-8　四位加法器仿真波形

6. 编程

1）单击“Assignments”→“Assignments Editor”选项，出现配置编辑器窗口，单击Category输入框右侧的下拉按钮，从中选择“Pin”选项，根据使用实验箱的具体情况锁定引脚。

☞注意：

多位引脚需要按位锁定，例如引脚 A 需要分别锁定 A[3]、A[2]、A[1]和 A[0]，不要锁定A。引脚B、S与A的处理相同。

2）再次编译成功后，就可以将锁定的引脚信息加入到设计文件中。

3）使用电缆将计算机和实验箱连接，接通实验箱电源。单击“Tools”→“Programmer”选项，在编程窗口中进行硬件配置，可选择 LPT1 接口输出的 ByteBlasterMV or ByteBlasterⅡ硬件类型，编程方式选中JTAG编程方式。

4）在编程窗口中，单击选中“DADD.sof”文件，再单击“Start”按钮，即可开始对芯片编程。

7. 电路测试

输入信号A（例如1001）和B（例如0101），输出信号S应该为1110、输出信号Bit应该为0（表示没有进位）；改变A和B，再观察输出信号S和Bit。

2.3 LPM宏单元库

LPM（Library Parameterized Modules）即参数化的宏功能模块库。应用这些功能模块库可以大大提高 IC 设计的效率。调用 LPM 库函数非常方便，既可以在图形输入法中直接调用，也可以在HDL源文件中调用。

2.3.1 乘法器的设计

1. 题目要求

利用 QuartusⅡ软件的图形输入方式，设计一个能实现 3 位二进制数和 4 位二进制数乘法运算的电路，完成编译和波形仿真后，下载到实验平台验证电路功能。

2. 电路设计

使用LPM库函数实现。

3. 建立项目

1）在计算机的E盘，建立文件夹E:\EXAM231作为项目文件夹。

2）启动QuartusⅡ，单击“Create a New Project”按钮打开新项目建立向导，也可以单击菜单“File”→“New”→“New Quartus Ⅱ Project”，在新项目建立向导对话框中分别输入项目文件夹、项目名和顶层设计实体名。项目名为EXMULT，顶层设计实体名也为EXMULT。

3）由于采用图形输入方式，在添加文件对话框的 File name 中输入 EXMULT.bdf，然后单击“Add”按钮，添加该文件。

4）在器件设置对话框中，根据实验箱或开发板上使用的器件决定选择的芯片系列和具体元件，本书选择Cyclone Ⅳ E系列的EP4CE6E22C8芯片。

5）单击“Finish”按钮，关闭新项目建立向导。

☞**注意：**

软件的标题栏必须变为 E:/EXA M231/EXMULT- EXMULT。

4．生成乘法运算模块

1）用鼠标双击图形编辑窗口右侧的“Library”→“Basic Functions”→“Arithmetic”→“LPM_MULT”，打开保存 IP 变量对话框，输入 E:\EXAM231\MULT，“保存 IP 变量”对话框如图 2-9 所示。

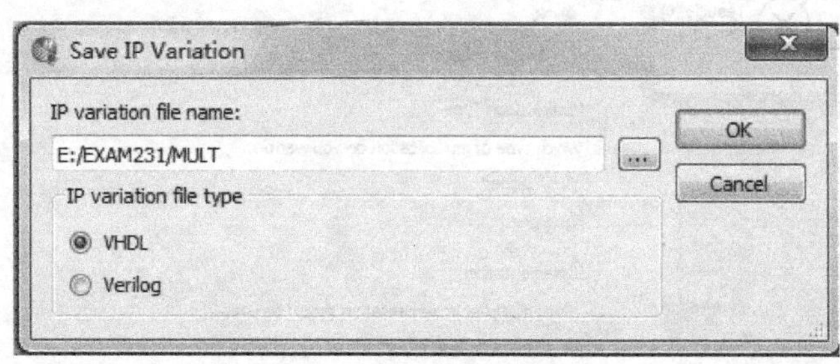

图 2-9 “保存 IP 变量”对话框

2）单击“OK”按钮。在弹出的“MegaWizard Plug_1”对话框中按照题意，被乘数是 3 位，乘数是 4 位，乘积是 7 位，“MegaWizard Plug_1”对话框如图 2-10 所示。

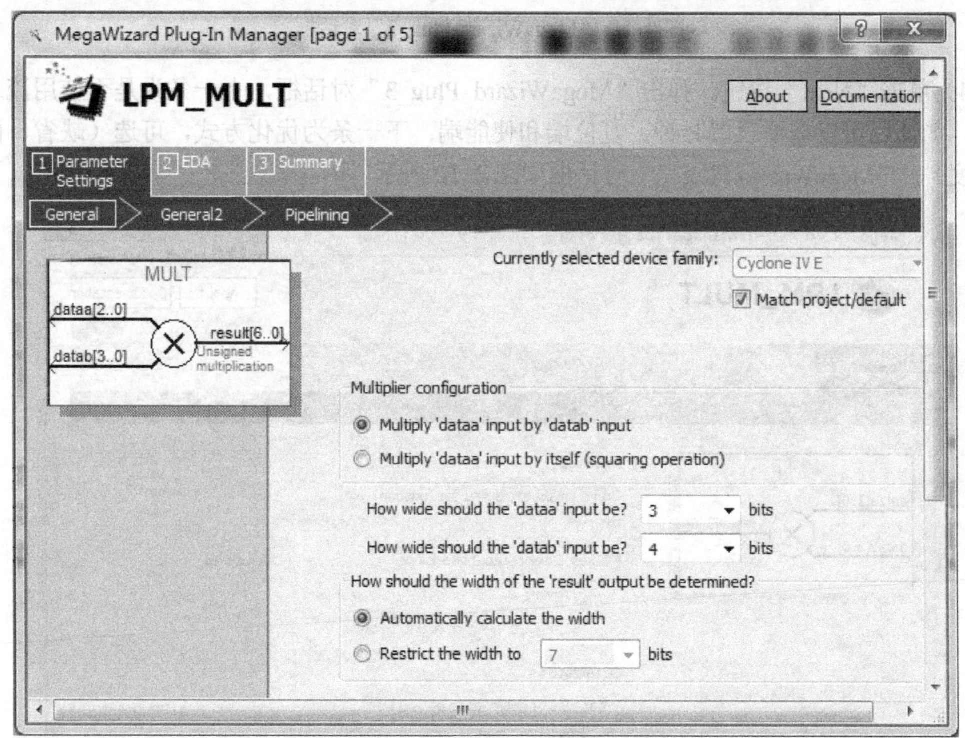

图 2-10 “MegaWizard Plug_1”对话框

3）单击“Next”按钮。弹出 MegaWizard Plug_2 对话框，从上到下依次为乘数是否设置为常数（以及常数值）、乘运算的类型（无符号或有符号）和乘运算的实现方式（默认、部分器件自带的乘法电路、逻辑单元），“MegaWizard Plug_2”对话框如图 2-11 所示。

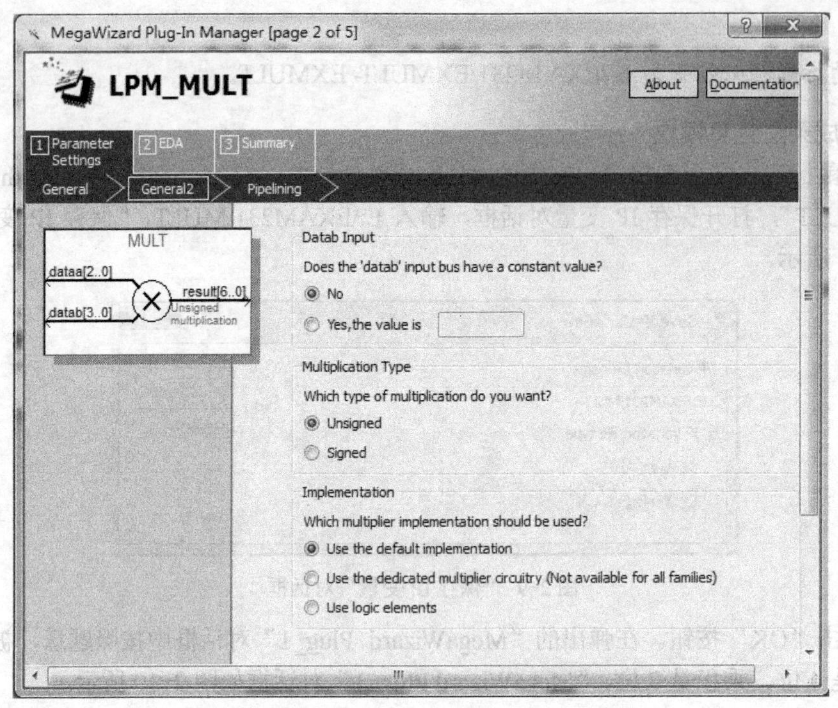

图 2-11 “MegaWizard Plug_2”对话框

4）单击“Next”按钮。弹出“MegaWizard Plug_3”对话框，上一条为是否使用流水线功能，如使用可以需要设置时钟、复位端和使能端；下一条为优化方式，可选（缺省、面积和速度），“MegaWizard Plug_3”对话框如图 2-12 所示。

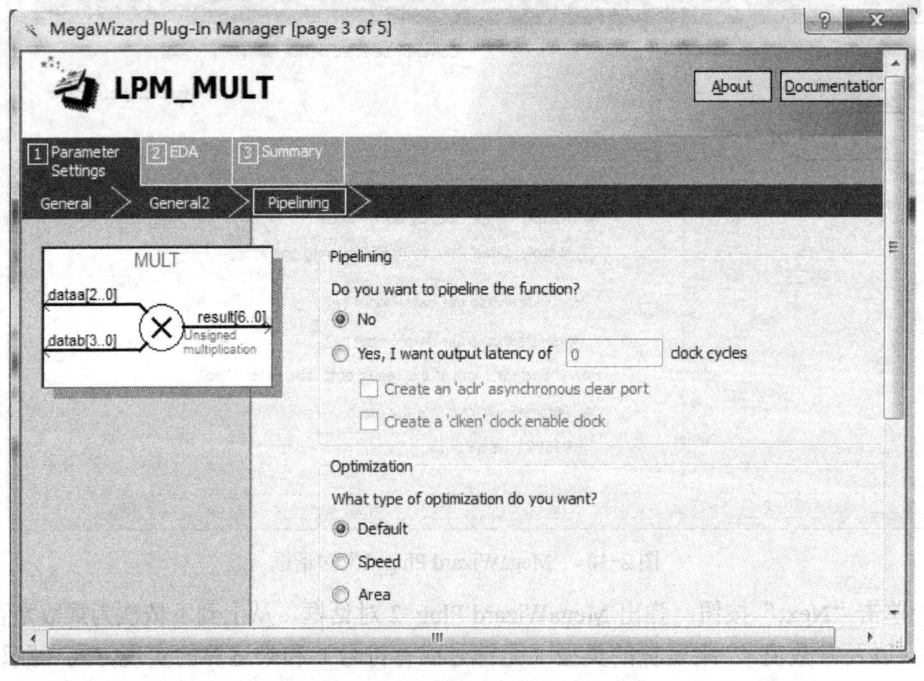

图 2-12 “MegaWizard Plug_3”对话框

5）单击“Next”按钮。弹出“MegaWizard Plug_4”对话框，确定仿真模式，“MegaWizard Plug_4”对话框如图 2-13 所示。

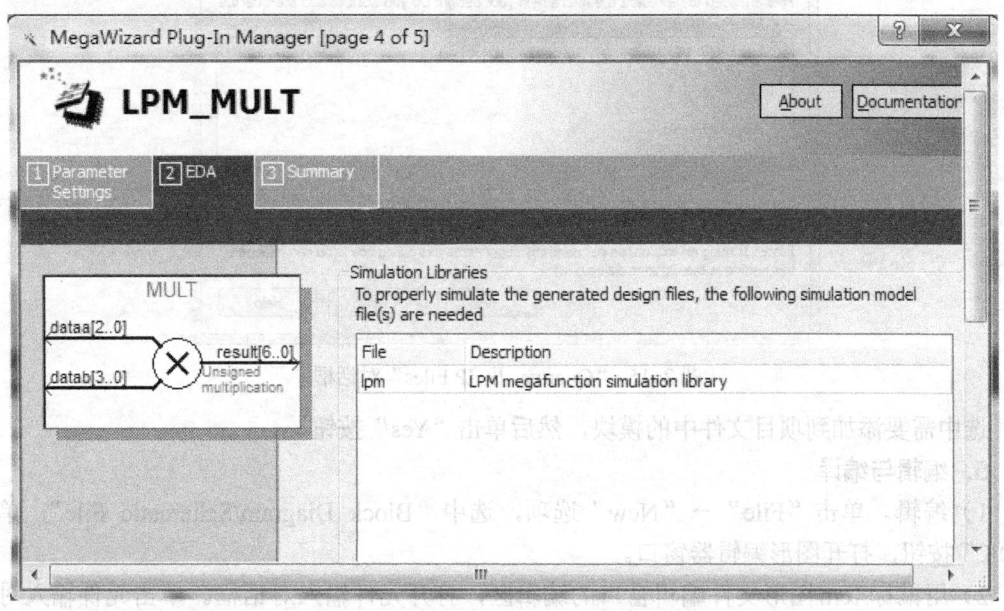

图 2-13 “MegaWizard Plug_4”对话框

6）单击“Next”按钮。弹出“MegaWizard Plug_5”对话框，确定生成文件的类型，“MegaWizard Plug_5”对话框如图 2-14 所示。

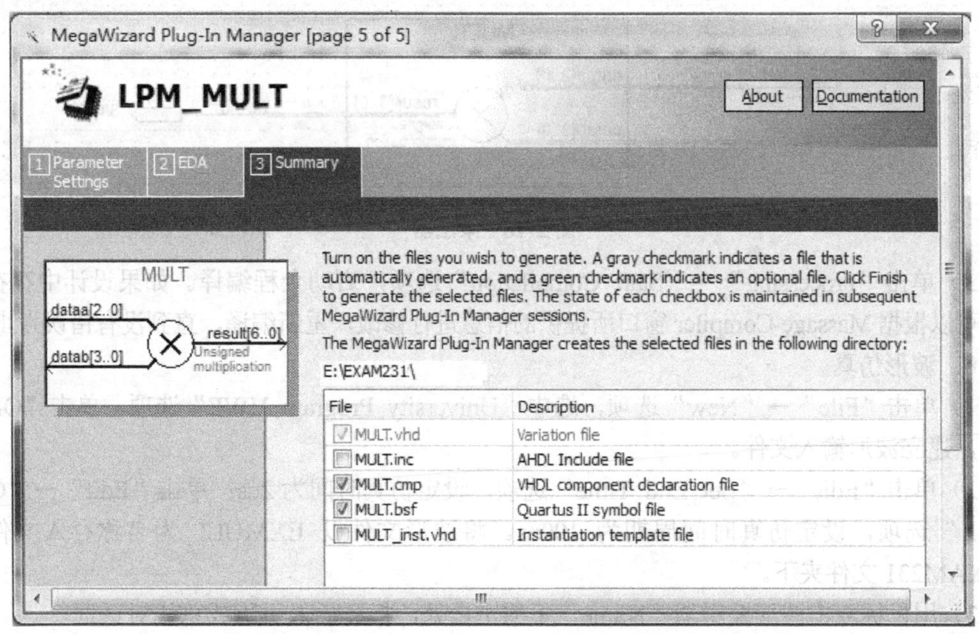

图 2-14 “MegaWizard Plug_5”对话框

7）单击“Finish”按钮。弹出“Quartus Ⅱ IP Files”对话框，“Quartus Ⅱ IP Files”对话框如图 2-15 所示。

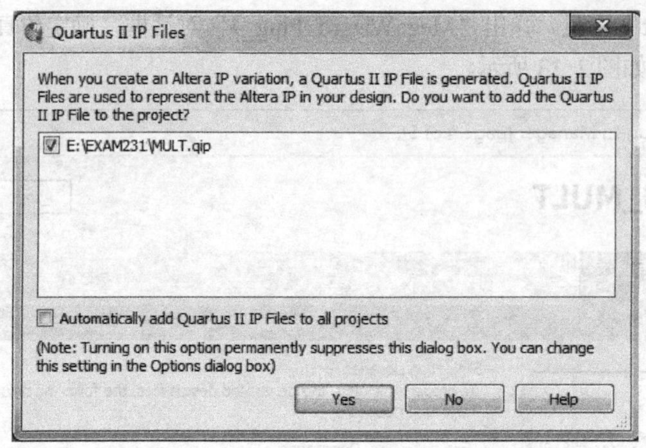

图 2-15 “Quartus Ⅱ IP Files”对话框

选中需要添加到项目文件中的模块，然后单击“Yes”按钮。

5．编辑与编译

1）编辑。单击“File”→“New”选项，选中“Block Diagram/Schematic File”，单击“OK”按钮，打开图形编辑器窗口。

2）用鼠标双击图形文件编辑窗口的编辑区，打开元件输入对话框。单击元件输入对话框中 Name 输入框右侧按钮，在弹出的“打开”对话框选择 E:\EXAM231 文件夹下的 MULT.bsf 文件，再依次输入 2 个 INPUT（输入引脚）和 1 个 OUTPUT（输出引脚）。

按照题目要求命名引脚，乘法器如图 2-16 所示。

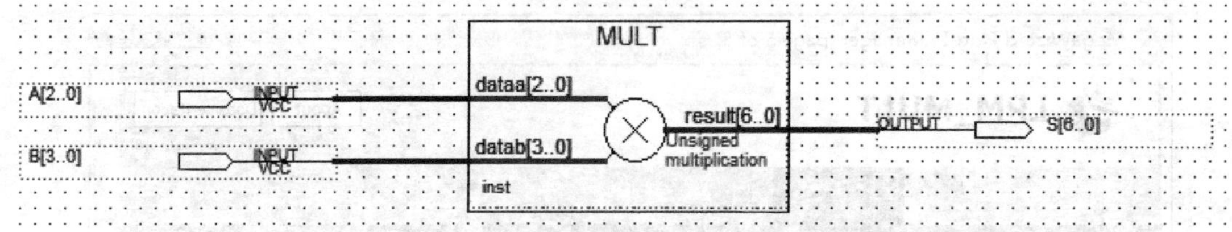

图 2-16　乘法器

3）单击“Processing”→“Start Compilation”选项，启动全程编译。如果设计中存在错误，可以根据 Massage-Compiler 窗口所提供的信息进行修改，重新编译，直到没有错误为止。

6．波形仿真

1）单击“File”→“New”选项，选中“University Program VWF”选项，单击“OK”按钮，建立波形输入文件。

2）单击“Edit”→“Set End Time”选项，设定仿真时间为 2us；单击“Edit”→“Grid Size…”选项，设定仿真时间周期为 100ns。将波形文件以 EXMULT 为名称存入文件夹 E:\EXAM231 文件夹下。

3）用鼠标双击波形编辑器“Name”下的空白处，打开插入引脚或总线对话框。

4）单击该对话框的“Node Find…”按钮，打开引脚搜索对话框，选中 Pins：all，然后单击“list”按钮。在下方的 Nodes Finder 窗口中会出现设计项目的所有端口引脚名。

5）选中输入端口节点 A、B 和输出信号节点 S 后，单击窗口中间的方向按钮，将引脚进入窗口右侧的选择区，单击“OK”按钮；回到插入引脚或总线对话框，再次单击“OK”按钮。

6）调整波形坐标间距后，选中输入引脚 A，在引脚名右侧的 B000（取值）上用鼠标双击，打开“引脚参数”对话框，将其设置为 Unsigned Decimal（无符号十进制），“引脚参数”对话框如图 2-17 所示。

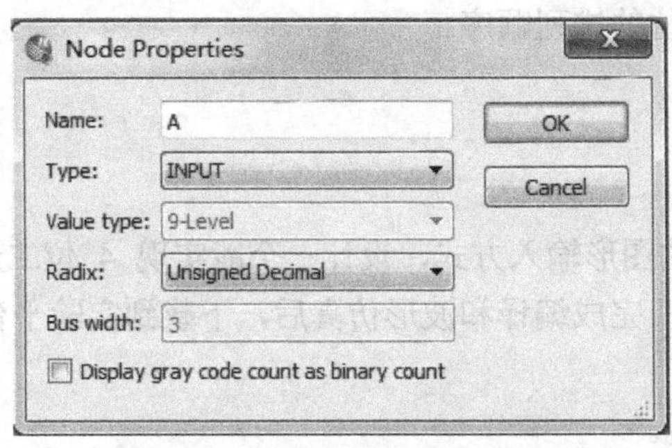

图 2-17 “引脚参数”对话框

7）单击“OK”按钮。选中输入引脚 A，单击波形编辑按钮，并在 Count every 输入框内输入 100，单位选 ns；选中输入引脚 B，单击波形编辑按钮，并在 Count every 输入框内输入 200，单位选 ns；选中输出引脚 S，在引脚名右侧的 B0000000（取值）上用鼠标双击，打开“引脚参数”对话框，将其设置为 Unsigned Decimal（无符号十进制）。

8）单击菜单栏中的“Simulation”→“Run Functional Simulation”选项或工具栏中的按钮，启动仿真。使用调整焦距工具调整波形坐标间距，仿真结果如图 2-18 所示。

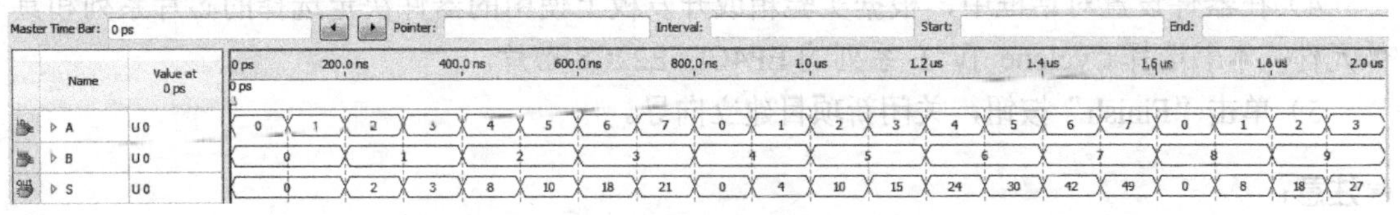

图 2-18 仿真结果

7. 编程

1）单击标题栏中的“Assignments”→“Pin Planner”选项，出现引脚规划窗口。

2）在 Location 输入框中，双击鼠标，再单击出现的弹出式菜单的下拉式箭头，出现的下拉菜单列出所选用芯片的所有可用引脚，可根据所使用的实验箱或开发板的引脚分配情况锁定引脚。将输入信号引脚锁定为按键、输出引脚锁定为发光二极管。

3）单击标题栏中的“Processing”→“Start Compilation”选项，再次启动全程编译。编译成功后，就可以将设计的程序下载到可编程逻辑芯片中。

4）使用电缆将计算机和实验箱连接，接通实验箱电源。单击“Tools”→“Programmer”选项，在编程窗口中进行硬件配置，可选择 LPT1 接口输出的 ByteBlasterMV、ByteBlasterⅡ或 USB-Blaster 编程器等硬件类型，编程方式选中 JTAG 编程方式。

5）单击“Add Files”按钮，在弹出的对话框中，再打开 output_files 文件夹，单击选中“EXMULT.sof”文件，再单击“Start”按钮，即可开始对芯片编程。

6）如果建立项目时选定的芯片和实验箱适配板上的芯片不同，下载会失败。这时可单击“Project”→“Add/Remove Files in Project…”，打开“设置”对话框，单击右上角的“Device”按钮，重新选择器件，重新编译，重新锁定引脚，再次编译后即可重新下载。

8. 电路测试

按照二进制乘法运算规则验证电路。例如输入信号 A 为“101”（十进制数字 5）、输入信号 B 为“1011”（十进制数字 11），输出信号应该为“0110111”（十进制数字 55）。测试时注意二进制数字的高、低位的排列顺序。

2.3.2 除法器的设计

1. 题目要求

利用 QuartusⅡ软件的图形输入方式，设计一个能实现 4 位二进制数和十进制常数（数值=3）的除法运算的电路，完成编译和波形仿真后，下载到实验平台验证电路功能。

2. 电路设计

使用 LPM 库函数实现。

3. 建立项目

1）在计算机的 E 盘，建立文件夹 E:\EXAM232 作为项目文件夹。

2）启动 QuartusⅡ，单击“Create a New Project”按钮打开新项目建立向导，也可以单击菜单“File”→“New”→“New Quartus II Project”，在新项目建立向导对话框中分别输入项目文件夹、项目名和顶层设计实体名。项目名为 EXDID，顶层设计实体名也为 EXDID。

3）由于采用图形输入方式，在添加文件对话框的 File name 中输入 EXDID.bdf，然后单击“Add”按钮，添加该文件。

4）在器件设置对话框中，根据实验箱或开发板上使用的器件决定选择的芯片系列和具体元件，本书选择 Cyclone Ⅳ E 系列的 EP4CE6E22C8 芯片。

5）单击“Finish”按钮，关闭新项目建立向导。

☞注意：

软件的标题栏必须变为 E:/EXAM232/EXDID- EXDID。

4. 生成除法运算模块

1）用鼠标双击图形编辑窗口右侧的“Library”→“Basic Functions”→“Arithmetic”→“LPM_DIVIDE”，打开“保存 IP 变量”对话框，输入 E:\EXAM232\DIV，“保存 IP 变量”对话框如图 2-19 所示。

图 2-19 “保存 IP 变量”对话框

2）单击“OK”按钮。在弹出的“MegaWizard Plug_1”对话框中按照题意，被除数是4位、除数是2位，商是4位、余数是2位，MegaWizard Plug_1对话框如图2-20所示。

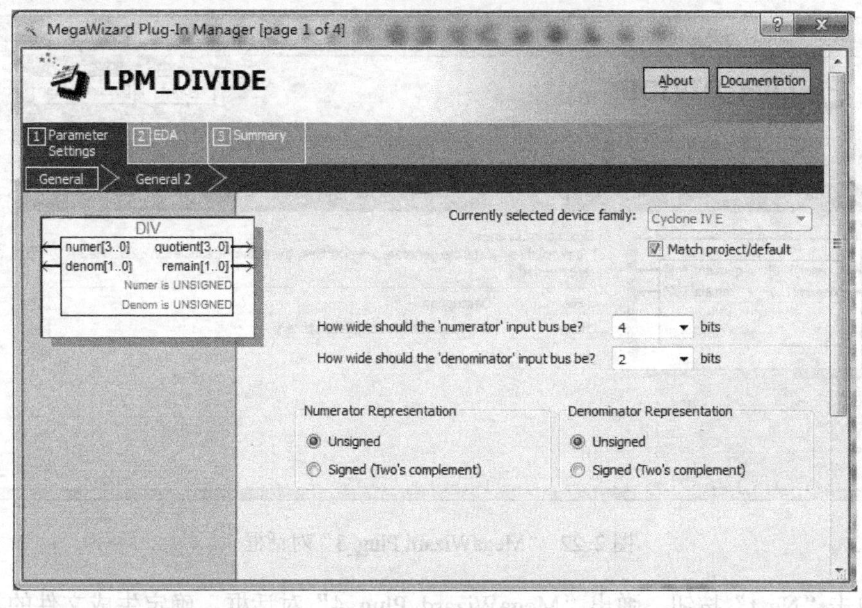

图2-20 “MegaWizard Plug_1”对话框

3）单击“Next”按钮。弹出MegaWizard Plug_2对话框，上一条为是否使用流水线功能，如使用可以需要设置时钟、复位端和使能端；左下一条为优化方式，可选（默认、面积和速度）、右下一条为是否总是返回正的余数，“MegaWizard Plug_2”对话框如图2-21所示。

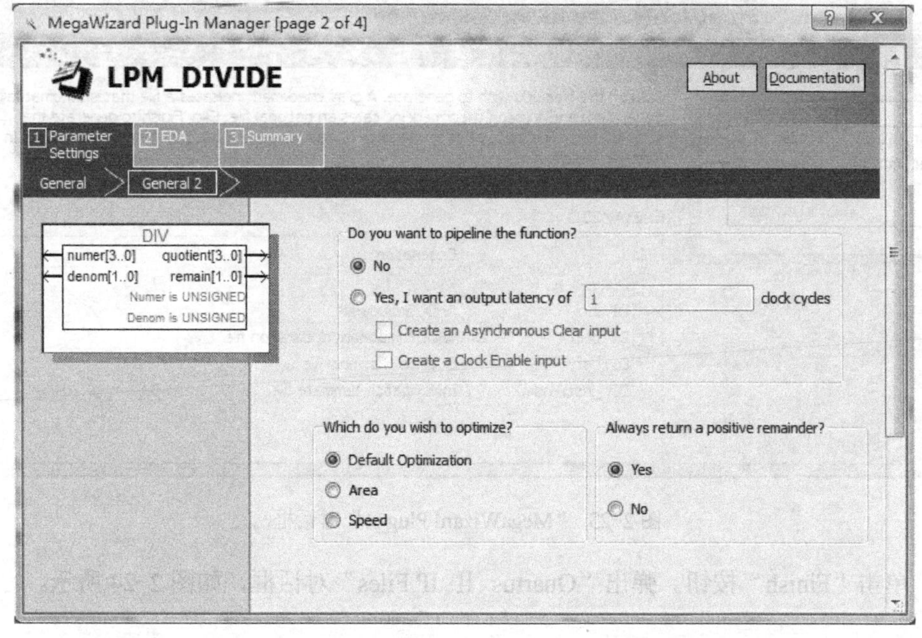

图2-21 “MegaWizard Plug_2”对话框

4）单击“Next”按钮。弹出“MegaWizard Plug_3”对话框，确定仿真模式，“MegaWizard Plug_3”对话框如图 2-22 所示。

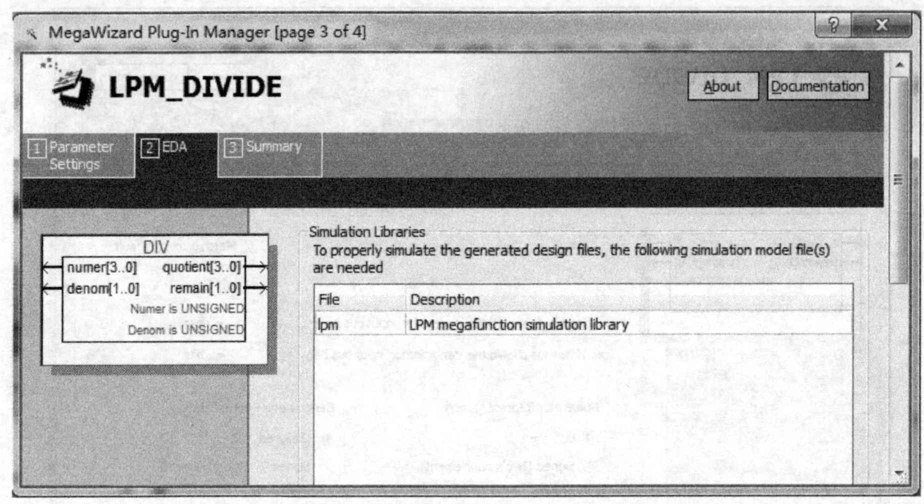

图 2-22 “MegaWizard Plug_3”对话框

5）单击“Next”按钮。弹出“MegaWizard Plug_4”对话框，确定生成文件的类型，选中单选按钮 DIV.bsf，“MegaWizard Plug_4”对话框如图 2-23 所示。

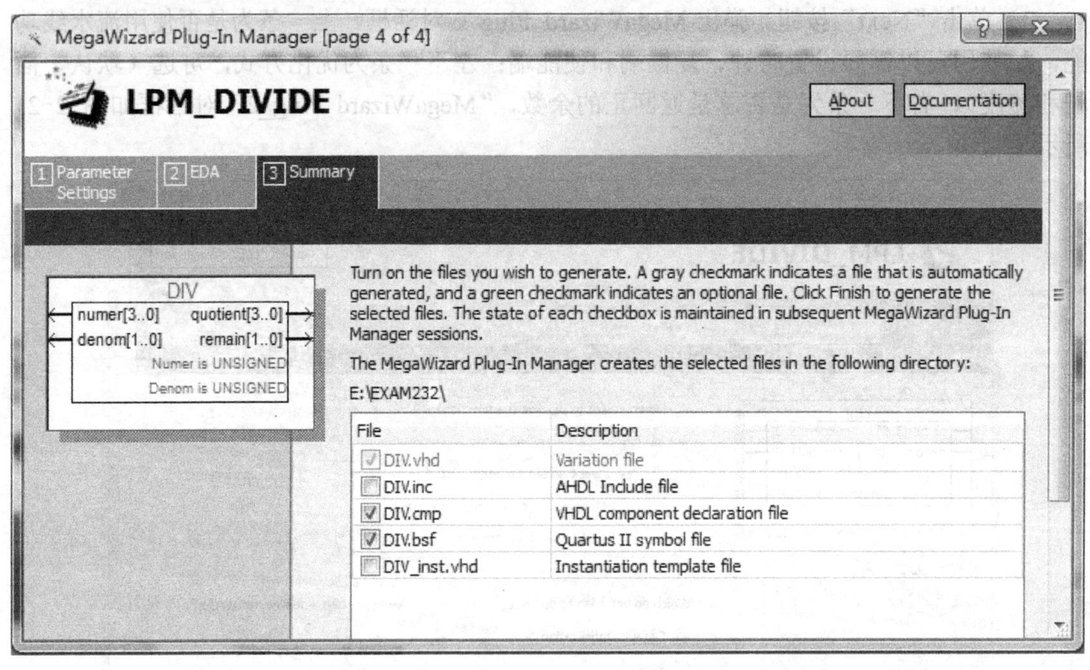

图 2-23 “MegaWizard Plug_4”对话框

6）单击“Finish”按钮。弹出“Quartus Ⅱ IP Files”对话框，如图 2-24 所示。

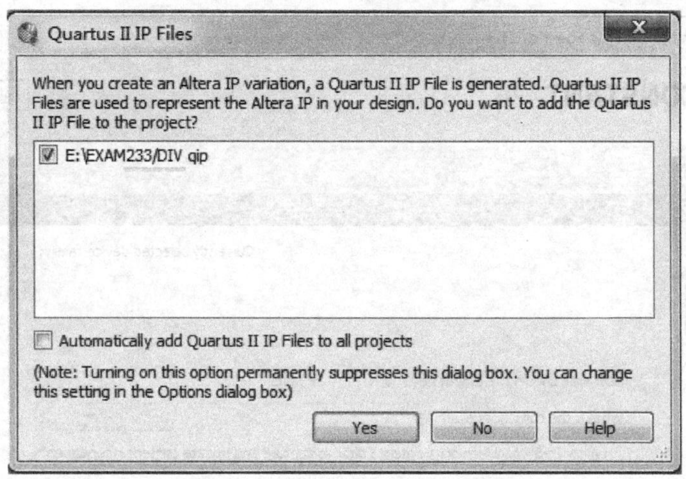

图 2-24 “Quartus Ⅱ IP Files”对话框

选中需要添加到项目文件中的模块，然后单击“Yes”按钮。

5．生成常数模块

1）用鼠标双击图形编辑窗口右侧的“Library”→“Basic Functions”→“Miscellaneous”→“LPM_CONSTANT”，打开“保存 IP 变量”对话框，输入 E:\EXAM232\CON3，如图 2-25 所示。

图 2-25 “保存 IP 变量”对话框

2）单击“OK”按钮。在弹出的“MegaWizard Plug_1”对话框中按照题意，除数是十进制数字 3，数据宽带 2bits。“MegaWizard Plug_1”对话框如图 2-26 所示。

3）单击“Next”按钮。按照对话框提示操作即可。

6．编辑与编译

1）编辑。单击“File”→“New”选项，选中 Block Diagram/Schematic File，单击“OK”按钮，打开图形编辑器窗口。

2）用鼠标双击图形文件编辑窗口的编辑区，打开“元件输入”对话框。单击“元件输入”对话框中 Name 输入框右侧按钮，在弹出的“打开”对话框选择 E:\EXAM232 文件夹下的 DIV.bsf；同样添加 CON3.bsf 文件；再依次输入 1 个 INPUT（输入引脚）和两个 OUTPUT（输出引脚）。

按照题目要求命名引脚，除法器如图 2-27 所示。

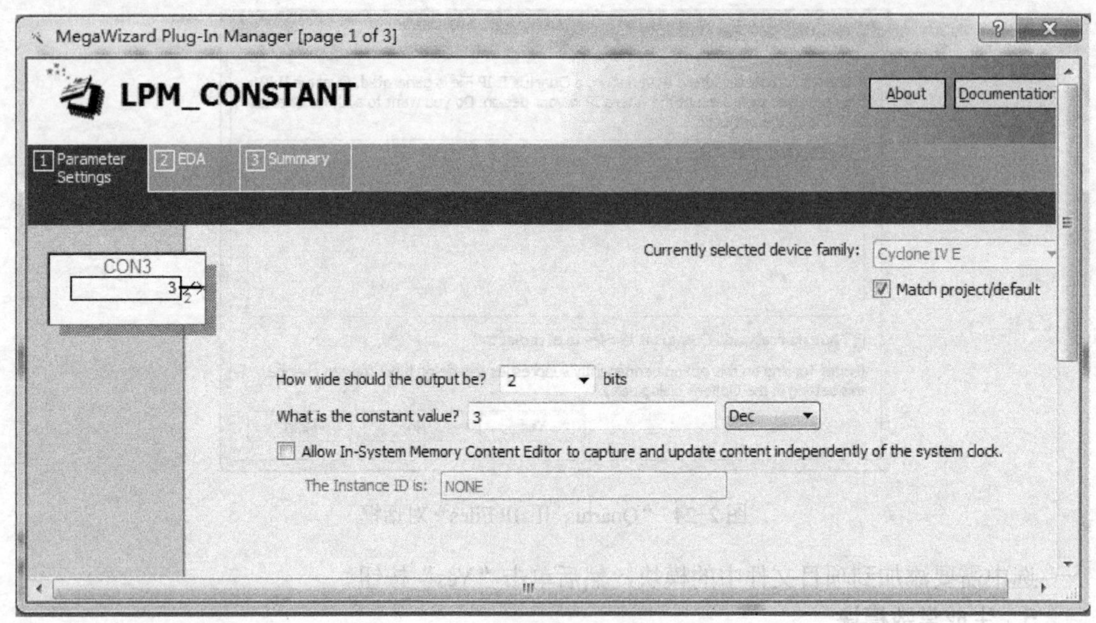

图 2-26 “MegaWizard Plug_1”对话框

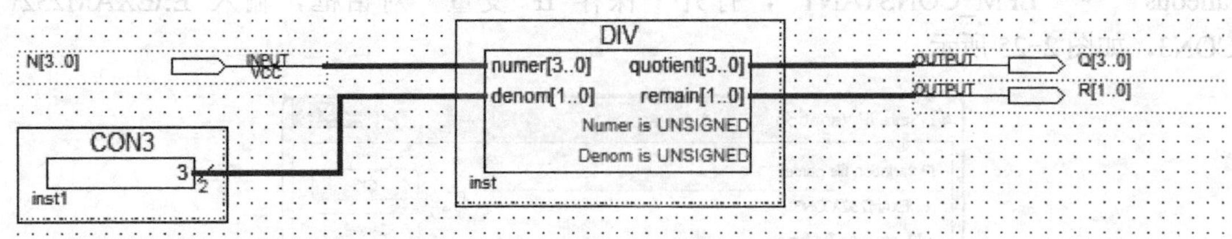

图 2-27　除法器

3）单击“Processing”→“Start Compilation”选项，启动全程编译。如果设计中存在错误，可以根据“Massage-Compiler”窗口所提供的信息进行修改，重新编译，直到没有错误为止。

7．波形仿真

1）单击“File”→“New”选项，选中“University Program VWF”选项，单击“OK”按钮，建立波形输入文件。

2）单击“Edit”→“Set End Time”选项，设定仿真时间为 2us；单击“Edit”→“Grid Size…”选项，设定仿真时间周期为 100ns。将波形文件以 EXDID 为名称存入文件夹 E:\EXAM232 文件夹下。

3）用鼠标双击波形编辑器“Name”下的空白处，打开插入引脚或总线对话框。

4）单击该对话框的“Node Find…”按钮，打开引脚搜索对话框，选中 Pins：all，然后单击“list”按钮。在下方的 Nodes Finder 窗口中会出现设计项目的所有端口引脚名。

5）选中输入端口节点 N 和输出信号节点 Q、R 后，单击窗口中间的方向按钮，将引脚进入窗口右侧的选择区，单击“OK”按钮；回到插入引脚或总线对话框，再次单击“OK”按钮。

6）调整波形坐标间距后，选中输入引脚 N，在引脚名右侧的 B0000（取值）上用鼠标双击，打开引脚参数对话框，将其设置为Unsigned Decimal（无符号十进制）。同样设置输出信号节点Q、R。

7）单击“OK”按钮。选中输入引脚N，单击波形编辑按钮，并在Count every输入框内输入100，单位选ns。

8）单击菜单栏中的“Simulation”→“Run Functional Simulation”选项或工具栏中的按钮，启动仿真。使用调整焦距工具调整波形坐标间距，仿真结果如图2-28所示。

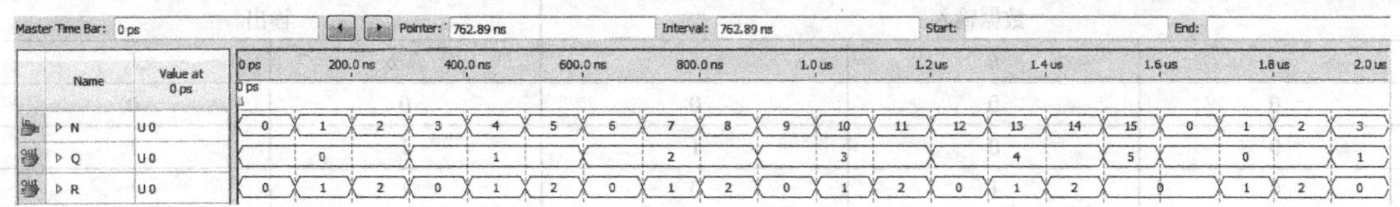

图2-28　仿真结果

8．编程

1）单击标题栏中的“Assignments”→“Pin Planner”选项，出现引脚规划窗口。

2）在Location输入框中，双击鼠标，再单击出现的弹出式菜单的下拉式箭头，出现的下拉菜单列出所选用芯片的所有可用引脚，可根据所使用的实验箱或开发板的引脚分配情况锁定引脚。将输入信号引脚锁定为按键、输出引脚锁定为发光二极管。

3）单击标题栏中的“Processing”→“Start Compilation”选项，再次启动全程编译。编译成功后，就可以将设计的程序下载到可编程逻辑芯片中。

4）使用电缆将计算机和实验箱连接，接通实验箱电源。单击“Tools”→“Programmer”选项，在编程窗口中进行硬件配置，可选择LPT1接口输出的ByteBlasterMV、ByteBlasterⅡ或USB-Blaster编程器等硬件类型，编程方式选中JTAG编程方式。

5）单击“Add Files”按钮，在弹出的对话框中，再打开output_files文件夹，单击选中“EXDID.sof”文件，再单击“Start”按钮，即可开始对芯片编程。

6）如果建立项目时选定的芯片和实验箱适配板上的芯片不同，下载会失败。这时可单击“Project”→“Add/Remove Files in Project…”，打开设置对话框，单击右上角的“Device”按钮，重新选择器件，重新编译，重新锁定引脚，再次编译后即可重新下载。

9．电路测试

按照除法运算规则验证电路。例如输入信号A为“1101”（十进制数字13），除以十进制常数3，输出信号商Q为“0100”（十进制数字4）、余数R为“0001”（十进制数字1）。测试时注意二进制数字的高、低位的排列顺序。

2.4　实训：全减器的设计

1．题目说明

不仅考虑两个一位二进制数的相减，而且还考虑来自高位借位的运算电路，称为全减器。利用并行语句的块语句，设计一位二进制全减器，完成编译和波形仿真后，下载到实验平台验证电路功能。

2．设计提示

全减器有 3 个输入端、两个输出端，设全减器的输入端为 A（被减数）、B（减数）、J_i（高位借位）；输出端为 Sub（差）和 J_o（借位）。根据题目要求列出真值表，全减器真值表如表 2-5 所示。

表 2-5　全减器真值表

数据输入			输出	
A	B	J_i	Sub	J_o
0	0	0	0	0
0	0	1	1	1
0	1	0	1	1
0	1	1	0	1
1	0	0	1	0
1	0	1	0	0
1	1	0	0	0
1	1	1	1	1

由真值表推到出全加器的逻辑表达式如下：

$$Sub = A \oplus B \oplus J_i \qquad J_o = \overline{A}J_i + BJ_i + \overline{A}B$$

3．实训报告

1）记录仿真波形。

2）分析实训结果。

3）设计并实现半减器。

4）设计并实现两个三位二进制数减法器。

2.5　习题

1．填空

1）基于 EPROM、E^2PROM 和 Flash ROM 的可编程逻辑器件，系统断电编程信息（　　）、采用 SRAM 结构的可编程器逻辑件，系统断电编程信息（　　）。

2）根据结构特点 PLD 分为（　　）、（　　）和（　　）三大类。

3）PLD 的基本结构通常用点阵表示，一般在线段的交叉处加（　　）表示固定连接、加（　　）表示可编程连接。

2．单项选择

1）可编程逻辑器件 PLD 属于（　　）电路。

A．非用户定制　B．全用户定制　C．自动生成　D．半用户定制

2）不属于 PLD 基本结构部分的是（　　）。

A．与门阵列　B．或门阵列　C．输入缓冲器　D．与非门阵列

3）在下列器件中，不属于 PLD 的器件是（　　）。

A．PROM　B．PAL　C．SRAM　D．PLA

4）GAL 是指（　　）。

A．可编程逻辑阵列　B．可编程阵列逻辑　C．通用阵列逻辑　D．专用阵列逻辑

3．简述 PAL 的基本结构与工作原理。

4．常见的可编程逻辑器件有哪几种编程工艺？其中哪些工艺是非易失性的？

5．简述 MAX 7000 系列器件的结构特点。

6．比较 FLEX 10K 系列器件与 MAX 7000 系列器件的异同点。

7．CPLD 与 FPGA 在结构上有何区别？编程配置方法有何不同？

8．建立项目，仿真分析图 2-29 所示电路的逻辑功能。

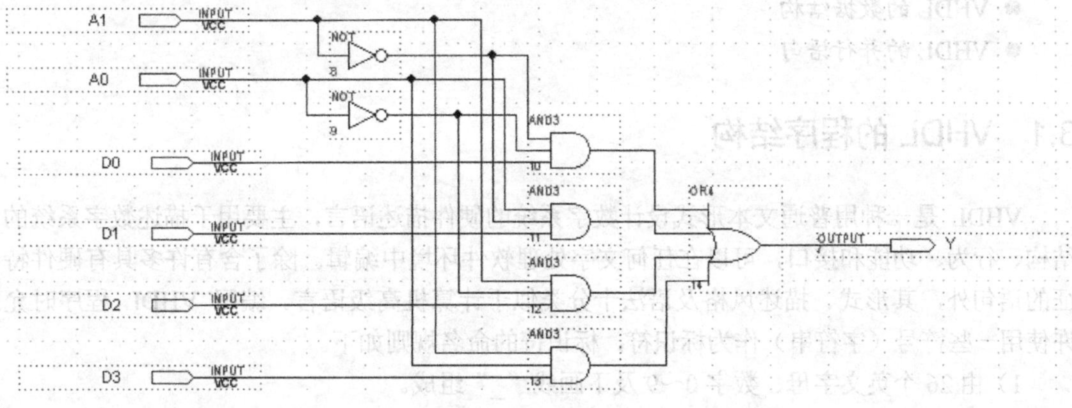

图 2-29　电路原理图

9．设计如下逻辑电路。

1）输入为两个两位的二进制数，输出为两数的乘积。

2）当输入的三位二进制数据大于“010”而小于或等于“111”时，输出为 1。

第 3 章　数据编码器的设计

本章要点

- VHDL 的程序结构
- VHDL 的数据结构
- VHDL 的并行语句

3.1　VHDL 的程序结构

VHDL 是一种用普通文本形式设计数字系统的硬件描述语言，主要用于描述数字系统的结构、行为、功能和接口，可以在任何文字处理软件环境中编辑。除了含有许多具有硬件特征的语句外，其形式、描述风格及语法十分类似于计算机高级语言。编写 VHDL 程序时允许使用一些符号（字符串）作为标识符，标识符的命名规则如下。

1）由 26 个英文字母、数字 0～9 及下画线“_”组成。

2）第一个字符必须以字母开头。

3）下画线不能连用，最后一个字符不能是下划线。

4）对大小写字母不敏感（英文字母不区分大小写）。

在 VHDL 中把具有特定意义的标识符号称为关键字，只能作固定用途使用，用户不能将关键字作为一般标识符来使用，例如 ENTITY、PORT、BEGIN 和 END 等。

3.1.1　基本结构

一个 VHDL 程序必须包括实体（ENTITY）和结构体（ARCHITECTURE），多数程序还要包含库和程序包部分。

【例 3-1】　用 VHDL 语言设计一个非门。文件名是 notA.vhd，其中的.vhd 是 VHDL 程序文件的扩展名。程序结构如下：

```
--库和程序包部分
LIBRARY IEEE;                              --IEEE 库
  USE IEEE. STD_LOGIC_1164. ALL;           --调用 IEEE 库中 STD_LOGIC_1164 程序包
--实体部分
ENTITY notA IS                             --实体名为 notA
  PORT  (                                  --端口说明
    a: IN      STD_LOGIC;                  --定义端口类型和数据类型
    y: OUT     STD_LOGIC);
END notA;                                  --实体结束
--结构体部分
ARCHITECTURE inv OF notA IS                --结构体名为 inv
```

```
BEGIN
y <= NOT a;                                --将 a 取反后赋值给输出端口 y
END inv;                                   --结构体结束
```

第 1 部分是库和程序包。库是程序包的集合，不同的库有不同类型的程序包。程序包是用 VHDL 语言编写的共享文件，定义结构体或实体中要用到的数据类型、运算符、元件和子程序等。USE 是调用程序包的语句。

第 2 部分是实体，实体中定义了一个设计模块的外部输入和输出端口，即模块（或元件）的外部特征，描述了一个元件或一个模块与其他部分（模块）之间的连接关系，可以看作是输入输出信号和芯片引脚信息。一个设计可以有多个实体，只有处于最高层的实体称为顶层实体，EDA 工具的编译和仿真都是对顶层实体进行的。处于低层的各个实体都可作为单个元件，被高层实体调用。顶层实体名要与项目名、文件名相同，并符合标识符规则。实体以 ENTITY 开头，以 END 结束。

第 3 部分是结构体，结构体主要用来说明元件内部的具体结构和逻辑功能，即对元件内部的逻辑功能进行说明，是程序设计的核心部分。结构体以 ARCHITECTURE 开头，以 END 结束。BEGIN 是开始描述实体端口逻辑关系的标志，有行为描述、数据流（也称寄存器）描述和结构描述 3 种描述方式，这里采用的是数据流描述方式。符号<=是信号赋值运算符，从电路角度看就是表示信号传输；NOT 是关键字，表示取反（对后面的信号 a 操作），结构体实现了将 a 取反后传送到输出端 y 的功能。

两条短画线是注释标识符，其右侧内容是对程序的具体注释，并不执行。所有语句都是以分号结束，另外程序中不区分字母的大小写。

3.1.2 库和程序包

1. 库

库是专门用于存储预先编译好的程序包的地方，对应一个文件目录，程序包的文件就放在此目录中，其功能相当于共享资源的仓库，所有已完成的设计资源只有存入某个“库”内才可以被其他实体共享。库的声明语句总是放在设计单元的最前面，表示该库资源对以下的设计单元开放。库声明语句格式如下：

```
LIBRARY  库名;
```

常用的库有 IEEE 库、STD 库和 WORK 库。

1）IEEE 库：IEEE 库是 VHDL 设计中最常用的资源库，包含 IEEE 标准的 STD_LOGIC_1164、NUMERIC_BIT、NUMERIC_STD 以及其他一些支持工业标准的程序包。其中最重要和最常用的是 STD_LOGIC_1164 程序包，大部分程序都是以此程序包中设定的标准为设计基础。

2）STD 库：STD 库是 VHDL 语言标准库，库中定义了 STANDARD 和 TEXTIO 两个标准程序包。STANDARD 程序包中定义了 VHDL 的基本的数据类型，如字符（CHARACTER）、整数（INTEGER）、实数（REAL）、位（BIT）和布尔（BOOLEAN）等数据类型。用户在程序中可以随时调用 STANDARD 包中的内容，不需要任何说明。TEXTIO 程序包中定义了对文本文件进行读、写控制的数据类型和子程序。用户在程序中调用 TEXTIO 包中的内容，需要使用 USE 语句加以说明。

3）WORK 库：WORK 库是 VHDL 的标准资源库，子句“library work;”隐含在每个 VHDL 设计文件的开始。对于 1 个给定的 VHDL 设计，编译器自动地创建和使用这个名为“work”的库，这时使用 WORK 库不需要说明。但如果使用 WORK 库中用户自定义的元件和模块来实现层次化设计，则需要使用 USE 语句进行说明。

2．程序包

程序包是用 VHDL 语言编写的一段程序，可以供其他设计单元调用和共享，相当于公用的“工具箱”，各种数据类型、子程序等一旦放入了程序包，就成为共享的“工具”，类似于 C 语言的头文件。调用程序包的通用模式为：USE 库名.程序包名.ALL。

例如调用 STD_LOGIC_1164 程序包中的项目需要使用以下语句：

```
LIBRARY  IEEE;
   USE   IEEE.STD_LOGIC_1164.ALL;
```

使用程序包可以减少代码的输入量，使程序结构清晰。在一个设计中，实体部分所定义的数据类型、常量和子程序可以在相应的结构体中使用，但在一个实体的声明部分和结构体部分中定义的数据类型、常量及子程序却不能被其他设计单元使用。因此，程序包的作用是可以使一组数据类型、常量和子程序能够被多个设计单元使用。常用的 IEEE 标准库中存放如下程序包。

1）STD_LOGIC_1164 程序包。STD_LOGIC_1164 程序包定义了一些数据类型、子类型和函数。数据类型包括 STD_ULOGIC、STD_ULOGIC_VECTOR、STD_LOGIC 和 STD_LOGIC_VECTOR，用的最多最广的是 STD_LOGIC 和 STD_LOGIC_VECTOR 数据类型。该程序包预先在 IEEE 库中编译，是 IEEE 库中最常用的标准程序包，其数据类型能够满足工业标准，非常适合 CPLD（或 FPGA）器件的多值逻辑设计结构。

2）STD_LOGIC_ARITH 程序包。该程序包是美国 Synopsys 公司开发的程序包，预先编译在 IEEE 库中。主要是在 STD_LOGIC_1164 程序包的基础上扩展了 UNSIGNED（无符号）、SIGNED（符号）和 SMALL_INT（短整型）3 个数据类型，并定义了相关的算术运算符和转换函数。

3）STD_LOGIC_SIGNED 程序包。该程序包预先编译在 IEEE 库中，也是 Synopsys 公司开发的程序包。主要定义有符号数的运算，重载后可用于 INTEGER（整数）、STD_LOGIC（标准逻辑位）和 STD_LOGIC_VECTOR（标准逻辑位向量）之间的混合运算，并且定义了 STD_LOGIC_VECTOR 到 INTEGER 的转换函数。

4）STD_LOGIC_UNSIGNED 程序包。该程序包用来定义无符号数的运算，其他功能与 STD_LOGIC_SIGNED 程序包相似。

3.1.3 实体

VHDL 描述的对象称为实体，是设计中最基本的模块，实体具体代表什么几乎没有限制，可以是任意复杂的系统、一块电路板、一个芯片、一个单元电路等。如果对系统自顶向下分层来划分模块，则各层的设计模块都可作为实体。实体的格式如下：

```
ENTITY  实体名  IS
```

```
    [GENERIC（类属说明）]
    [PORT（端口说明）]
END  [ENTITY]  实体名;
```

实体名代表该电路的元件名称，所以最好根据电路功能来定义。例如：对于 4 位二进制计数器，实体名可以定义为 counter4b，这样容易分析程序。[...]表示是可选项，可以默认。

1．类属说明

类属说明是实体说明的一个可选项，主要为设计实体指定参数，多用来定义端口宽度、实体中元件的数目和器件延迟时间等。使用类属说明可以使设计具有通用性，例如在设计中有一些参数事先不能确定，为了简化设计和减少 VHDL 源代码的书写量，通常编写通用的 VHDL 源代码，源代码中这些参数是待定的，在仿真时只要用 GENERIC 语句将待定参数初始化即可。类属说明语句的格式如下：

```
GENERIC（常数名 1：数据类型 1：= 设定值 1；
                  ……
常数名 n：数据类型 n：= 设定值 n）;
```

2．端口说明

端口说明也是实体说明的一个可选项，负责对实体中输入和输出端口进行描述。实体与外界交流的信息必须通过端口输入或输出，端口的功能相当于元件的引脚。实体中的每一个输入、输出信号都被称为一个端口，一个端口就是一个数据对象。端口可以被赋值，也可以作为信号用在逻辑表达式中。端口说明语句格式如下：

```
PORT（端口信号名 1：端口模式 1 数据类型 1；
                  ……
       端口信号名 n：端口模式 n 数据类型 n）;
```

端口信号名是设计者为实体的每一个对外通道所取的名字；端口模式是指这些通道上的信号传输方向，共有 4 种传输方向，端口信号传输方向如表 3-1 所示。

表 3-1　端口信号传输方向

方向定义	说　明	方向定义	说　明
IN	单向输入模式，将变量或信号信息通过该端口读入实体	INOUT	双向输入输出模式，既可以输入端口，还可以输出端口
OUT	单向输出模式，信号通过该端口从实体输出	BUFFER	缓冲输出模式，具有回读功能的输出模式，可作为输入端口，也可作为输出端口

其中，IN 相当于电路中只允许输入的引脚；OUT 相当于只允许输出的引脚；INOUT 相当于双向引脚，是在普通输出端口基础上增加了一个三态输出缓冲器和一个输入缓冲器构成的，既可以作输入端口，也可以作输出端口，通常在具有双向传输数据功能的设计实体中使用，例如含有双向数据总线的单元；BUFFER 是带有输出缓冲器并可以回读的引脚，是 INOUT 的子集，BUFFER 类的信号在输出到外部电路的同时，也可以被实体本身的结构体读入，这种类型的信号常用来描述带反馈的逻辑电路，如计数器等。

3.1.4 结构体

一个实体中可以有一个结构体，也可以有多个结构体，但各个结构体不应有重名，结构体之间没有顺序上的差别。结构体用来描述设计实体的内部结构或行为，是实体的一个重要组成部分，定义了实体的具体功能，规定了实体中的信号数据流向，确定了实体中内部元件的连接关系。结构体用 3 种方式对设计实体进行描述，分别是行为描述、寄存器传输描述和结构描述。其格式如下：

```
ARCHITECTURE  结构体名  OF  实体名  IS
      [结构体说明部分；]
  BEGIN
```

功能描述语句；

```
END  [ARCHITECTURE]  结构体名；
```

结构体说明部分是一个可选项，位于关键字 ARCHITECTURE 和 BEGIN 之间，用来对结构体内部所使用的信号、常数、元件、函数和过程加以说明。

☞注意：

所说明的内容只能用于这个结构体，若要使这些说明也能被其他实体或结构体所引用，则需要先把它们放入程序包。在结构体中也不要把常量、变量或信号定义成与实体端口相同的名称。

位于 BEGIN 和 END 之间的结构体功能描述语句是必需的，具体描述结构体（电路）的行为（功能）及其连接关系，主要使用信号赋值、块（BLOCK）、进程（PROCESS）、元件例化（COMPONENET MAP）及子程序等 5 类语句。

【例 3-2】 设计一个二输入与门，两个信号相与后，经过指定的延迟时间才送到输出端。其实体与结构体如下：

```
ENTITY  gand2  IS                          --实体名为 gand2
  GENERIC （delay：TIME）；                --类属说明，delay 是常数名，为时间类型
  PORT （ a，b ：IN     BIT；              --端口说明
              c ：OUT   BIT）；
END gand2；
ARCHITECTURE  behave OF gand2 IS           --结构体
  BEGIN
    c <= a AND b AFTER ( delay )；          --a 和 b 与运算后，延迟 delay 输出
END behave；
```

实际器件从输入到输出必然存在延时，但不同型号器件的延迟时间不同，因此可以在源代码中用类属说明语句指定待定参数。AFTER 是关键字，表示延迟。当调用这个二输入与门元件时，可以使用 GENERIC 语句将参数初始化为不同的值。如上例改写成：

GENERIC（delay：TIME：= 5 ns）；表示 a 和 b 与运算后经 5 ns 延时才输出。

3.2 VHDL 的数据结构

VHDL 定义了常量、变量和信号 3 种数据对象，并规定每个对象都要有唯一确定的数据类型。

3.2.1 数据对象

VHDL 中凡是可以赋予一个值的对象都可称为数据对象。数据对象类似于一种容器，可以接受不同数据类型的数据。VHDL 描述硬件电路的工作过程实际是信号经输入变化至输出的过程，因此 VHDL 中最基本的数据对象就是信号。为了便于描述，还定义了另外两类数据对象：常量和变量。这 3 种常用的数据对象具有不同的物理意义，下面分别加以说明。

1．常量

常量是在设计实体中保持某一特定值不变的量。例如，在电路中常量的物理意义是电源值或地电平值；在计数器设计中，将模值存储于某一常量中，对不同的设计，改变常量的值，就可改变模值，修改起来十分方便。使用常量前需要声明，格式如下：

```
CONSTANT  常量名[，常量名…]：数据类型：= 表达式;
```

式中：[，常量名…]表示可选项，即多个相同数据类型的常量可以同时声明；数据类型是说明常量所具有的类型；表达式可对常量赋初值；符号：=表示赋值运算。下面是几个常量声明及赋值的例子：

```
CONSTANT VCC：REAL：= 3.3;           --常量 VCC 的类型是实数，值为 3.3
CONSTANT GND：INTEGER：=0;           --常量 GND 的类型是整数，值为 0
CONSTANT DELAY：TIME：=100  ns;      --常量 DELAY 是时间类型，初值为 100 ns。数值和
单位之间要留空格。
```

常量一旦赋值之后，在程序中就不能再改变了。常量必须在程序包、实体、结构体和进程的说明部分进行声明，其使用范围取决于被声明的位置。在程序包中声明的常量具有最大全局化特征，可用在调用此程序包的所有实体中；在设计实体中声明的常量，其有效范围为这个实体所定义的所有结构体；而在某个结构体中声明的常量，只能用于此结构体；在结构体某一单元（如进程）内声明的常量，则只能用在这一单元中。

常量所赋的值应该与定义的表达式数据类型一致，否则将会出现错误。如：CONSTANT VCC：REAL ：= "0101"；这条语句就是错误的，因为 VCC 的类型是实数（REAL），而其数值"0101"是位向量（BIT_VECTOR）类型。在绝大多数情况下，声明常量时必须赋初值。

2．变量

变量属于局部量，主要用来暂存数据。变量只能在进程和子程序中声明和使用，可以在声明语句中赋初值，但变量初值不是必需的。变量的声明形式与常量相似，格式如下：

```
VARIABLE  变量名[，变量名…]：数据类型 [约束条件] [：= 表达式];
```

式中：[，变量名…]表示可选项，即多个相同数据类型的变量可以同时声明；数据类型

是说明变量所具有的类型；[约束条件]是个可选项，通常限定取值范围；[：= 表达式]也是可选项，用于对变量赋初值。例如：

```
VARIABLE  S1，S2：INTEGER ：=256；
VARIABLE  CONT：INTEGER  RANGE  0  TO  10；
```

第 1 条语句中变量 S1 和 S2 都为整数类型，初值都是 256；第 2 条语句中，RANGE…TO…是约束条件，表示变量 CONT 的数据限制在 0～10 的整数范围内。变量 CONT 没有指定初值，则取默认值，默认值为该类型数据的最小值或最左端值，那么本条语句中 CONT 初值为 0（最左端值）。

对变量的赋值是一种理想化的数据传输，是立即发生的，没有任何延迟，所以变量只有当前值。变量赋值语句属于顺序执行语句，如果一个变量被多次赋值，则根据赋值语句在程序中的位置，按照从上到下的顺序进行赋值，变量的值是最后一条赋值语句的值。

3．信号

信号是描述硬件系统的基本数据对象，是设计实体中并行语句模块间的信息交流通道。通常可认为信号是电路中的一根连接线。信号有外部端口信号和内部信号之分：外部端口信号是设计单元电路的引脚或称为端口，在程序实体中定义，有 IN、OUT、INOUT 和 BUFFER 4 种信号流动方向，其作用是在设计的单元电路之间实现互联。外部端口信号供给整个设计单元使用，属于全局量；内部信号是用来描述设计单元内部的信息传输，除了没有外部端口信号的流动方向外，其他性质与外部端口信号一致。内部信号可以在程序包体、结构体和块语句中声明，使用范围与其在程序中的位置有关。如果只在结构体中声明，则可以供整个结构体使用；如果在块语句中声明的信号，只能在块内使用。信号声明与变量类似，其格式如下：

```
SIGNAL 信号名[，信号名…]：数据类型 [约束条件] [：= 表达式]；
```

式中：[，信号名…]表示可选项，即多个相同数据类型的信号可以同时声明；数据类型是说明信号所具有的类型；[约束条件]是个可选项，通常限定信号的取值范围；[：= 表达式]也是可选项，用于对信号赋初值。例如：

```
SIGNAL  a，b：INTEGER ：RANGE  0 TO 7 ：=5；
SIGNAL  ground：BIT：='0'；
```

第 1 条语句定义整数类型信号 a、b，取值范围限定在 0～7，并赋初值 5；第 2 条语句定义位信号 ground 并赋初值'0'。

在 VHDL 程序中，信号和变量是两个经常使用的对象，都要求先声明，后使用，具有一定的相似性，其主要区别如下。

1）在声明中赋初值，都使用运算符：=；声明后使用时，信号赋值使用运算符<=，变量赋值使用运算符：=。

2）信号赋值有附加延时，变量赋值则没有。

3）外部信号表示端口，内部信号可看成硬件中的一根连线，变量在硬件中没有类似的对应关系。

4）对于进程语句，进程只对信号敏感，不对变量敏感。

3.2.2 数据类型

对于常量、变量和信号这 3 种数据对象，在为每一种数据对象赋值时都要确定其数据类型。VHDL 对数据类型有着很强的约束性，不同的数据类型不能直接运算，相同的类型如果位长不同也不能运算，否则 EDA 工具在编译、综合过程中会报告类型错误。

根据数据产生来源可将数据类型分为预定义类型和用户自定义类型两大类，这两类都在 VHDL 的标准程序包中作了定义，设计时可随时调用。

1. STANDARD 程序包中预定义的数据类型

该类型是最常用、最基本的一种数据类型，在标准程序包 STANDARD 中作了定义，已自动包含在 VHDL 源文件中，使用时不必通过 USE 语句进行调用。具体类型如下。

1）整数类型（INTEGER）。整数与数学中的整数相似，包括正整数、零和负整数。整数和适用于整数的关系运算符、算术运算符均由 VHDL 预先定义。整数类型的表示范围是 $-2^{31}\sim2^{31}-1$，这么大范围的数及其运算在 EDA 实现过程中将消耗很大的器件资源，而实际涉及的整数范围通常很小，例如一位十进制数码管只需显示 0～9 十个数字。因此在使用整数类型时，要求用 RANGE 语句为定义的整数确定一个范围。例如：

```
SIGNAL num：INTEGER RANGE 0 TO 255；  --定义整型信号 num 的范围 0～255
```

整数包括十进制、二进制、八进制和十六进制，默认进制是十进制。其他进制在表示时用符号#区分进制与数值。例如：123 表示十进制整数 123、2#0110#表示二进制整数 0110、8#576#表示八进制整数 576、16#FA#表示十六进制整数 FA。

2）自然数（NATURAL）和正整数（POSITIVE）类型。自然数类型是整数的子集，正整数类型又是自然数类型的子集。自然数包括零和正整数，正整数只包括大于零的整数。

3）实数（REAL）类型。与数学中的实数类似，数据范围是-1.0E38～+1.0E38。书写时一定要有小数点（包括小数部分为 0 时）或采用科学计数形式。VHDL 仅在仿真时可使用该类型，在综合过程中综合器是不支持实数类型的。实数也包括十进制、二进制、八进制和十六进制，例如：2.0 表示十进制实数 2.0、605.3 表示十进制实数 605.3、8#46.1#E+5 表示八进制实数 46.1 E+5。

☞**注意：**

不能把实数赋给信号，只能赋给实数类型的变量。

4）位（BIT）类型。位数据类型是属于可枚举类型，信号通常用位表示，位值用带单引号括起来的'0'和'1'表示，只代表电平的高低，与整数中的 0 和 1 意义不同。位类型可以进行算术运算和逻辑运算，而整数类型只能进行算术运算。

5）位向量（BIT_VECTOR）类型。位向量是用双引号括起来的一组数据，是基于位数据类型的数组，可以表示二进制（符号为 B，可默认）、八进制（符号为 O）或十六进制（符号为 H）的位向量，例如"011010"、H"00AB"，分别表示二进制位向量"011010"和十六进制位向量"00AB"。使用位向量通常要声明位宽，即数组中元素的个数和排列顺序。例如：

```
SIGNAL   A: BIT_VECTOR (3 DOWNTO 0);
         A<="0101";
```

表示信号 A 被定义为具有 4 位位宽的位向量，最左位是 A（3）=0，A（2）=1，A（1）=0，最右位是 A（0）=1。如果写成：

```
SIGNAL   A: BIT_VECTOR (0 TO 3);
         A<="0101";
```

同样表示信号 A 被定义为具有 4 位位宽的位向量，但最左位是 A（0）=0，A（1）=1，A（2）=0，最右位是 A（3）=1。

6）布尔（BOOLEAN）类型。布尔类型只有 TURE 和 FALSE 两种取值，初值通常定义为 FALSE。虽然布尔类型也是二值枚举量，但与位数据类型不同，没有数值的含义，不能进行算术运算，只能进行逻辑运算。例如关系表达式 CLK='1'，其含义是当 CLK 的值等于 1 时，表达式 CLK='1'的值为 TRUE，否则表达式的值为 FALSE。

7）字符（CHARACTER）类型。字符也作为一种数据类型，定义的字符量要用单引号括起来，如'A'，并且对大小写敏感，如'A'和'a'是不同的。字符量中的字符可以是英文字母中任何一个字母、0～9 中任何一个数字、空格，或者一些特殊字符，如$、%和@等。

8）字符串（STRING）类型。字符串是用双引号括起来的一个字符序列，也称为字符串向量或字符串数组。如"VHDL Programmer"。字符串常用于程序的提示或程序说明。

9）时间（TIME）类型。时间类型是 VHDL 中唯一预定义的物理量数据。完整的时间数据应包括整数和单位两部分，而且整数和单位之间至少要有一个空格，如 10ns、20ms，33 min。VHDL 中规定的最小时间单位是飞秒（fs），单位依次增大的顺序是飞秒（fs）、皮秒（ps）、纳秒（ns）、微秒（μs）、毫秒（ms）和秒（sec），这些单位间均为千进制关系，还有分（min）。

10）错误等级（SEVERITY LEVEL）类型。错误等级类型数据用来表示系统的工作状态，共有 4 种：NOTE（注意）、WARNING（警告）、ERROR（错误）和 FAILURE（失败）。系统仿真时，操作者可根据给出的这几种状态提示，了解当前系统的工作情况并采取相应对策。

2．IEEE 库中预定义的数据类型

使用 IEEE 库中预定义的数据类型，必须调用 IEEE 标准库，再通过 USE 语句调用相应的程序包。

1）标准逻辑位（STD_LOGIC）数据类型。该类型在 IEEE 标准库的 STD_LOGIC_1164 程序包中定义，是一个逻辑型的数据类型，取代 BIT 数据类型，扩展定义了 9 种值，符号和含义分别为：'U'表示未初始化；'X'表示不定；'0'表示低电平；'1'表示高电平；'Z'表示高阻；'W'表示弱信号不定；'L'表示弱信号低电平；'H'表示弱信号高电平；'-'表示可忽略（任意）状态。

☞**注意：**

表示高阻的'Z'必须大写；'U'、'X'和'W'不能被综合工具支持。

2）标准逻辑位向量（STD_LOGIC_VECTOR）数据类型。该类型是基于 STD_LOGIC 数据类型的标准逻辑一维数组，使用时必须说明位宽和排列顺序，数据要用双引号括起来。例如：

```
SIGNAL  A：STD_LOGIC_VECTOR（0 TO 7）；
        A<=H"47"；   --定义信号 A 为十六进制数 47
```

3）无符号（UNSIGNED）数据类型。该类型在 IEEE 标准库的 STD_LOGIC_ARITH 程序包中定义，是由 STD_LOGIC 数据类型构成的一维数组，表示一个自然数。当一个数据除了执行算术运算外，还要执行逻辑运算，就必须定义成 UNSIGNED。例如：

```
SIGNAL  DAT：UNSIGNED（3 DOWNTO 0）；
        DAT<="0110"；
```

定义信号 DAT 是四位二进制数码表示的无符号数据，数值是 6。

4）有符号（SIGNED）数据类型。该类型在 IEEE 标准库的 STD_LOGIC_ARITH 程序包中定义，表示一个带符号的整数，其最高位是符号位（0 代表正整数，1 代表负整数），用补码表示数值。

3．用户自定义数据类型

VHDL 允许用户根据需要自己定义新的数据类型，这给设计者提供了极大的自由度。允许用户定义的数据类型主要有枚举类型、数组类型和用户自定义子类型 3 种。

1）枚举类型（ENUMERATED）。枚举类型是在数据类型定义中直接列出数据的所有取值。其格式如下：

```
TYPE 数据类型名 IS（取值 1，取值 2，…）；
```

例如在硬件设计时，表示一周内每天的状态，可以用 000 代表周一、001 代表周二，依次类推，直到 110 代表周日。但这种表示方法对编写和阅读程序来说是不方便的。若改用枚举数据类型表示则方便得多，可以把一个星期定义成一个名为 week 的枚举数据类型：

```
TYPE  week  IS （Mon，Tue，Wed，Thu，Fri，Sat，Sun）；
```

这样，周一到周日就可以用 Mon 到 Sun 来表示，直观了很多。

2）数组类型（ARRAY）。数组类型是将相同类型的数据集合在一起所形成的一个新数据类型，可以是一维的，也可以是多维的。数组类型定义格式如下：

```
TYPE  数据类型名  IS  ARRAY  数组下标范围  OF  数组元素的数据类型；
```

如果数据类型没有指定，则使用整数数据类型；如果用整数类型以外的其他类型，则在确定数据范围前需要加上数据类型名。例如：

```
TYPE  bus  IS  ARRAY（15 DOWNTO 0）OF  BIT；
```

数组名称为 bus，共有 16 个元素，下标排序是 15、14、…、1、0，各元素可分别表示为 bus（15）、…、bus（0），数组类型为 BIT。数组类型常在总线、ROM 和 RAM 中使用。

3）用户自定义子类型。用户若对自己定义的数据作一些限制，由此就形成了原自定义数据类型的子类型。对于每一个类型说明，都定义了一个范围。一个类型说明与其他类型说明所定义的范围是不同的，在用 VHDL 对硬件描述时，有时一个对象可能取值的范围是某个类型定义范围的子集，这时就要用到子类型的概念。子类型的格式如下：

```
SUBTYPE 子数据类型名 IS 数据类型名  RANGE  数据范围;
```

3.2.3 数据类型间的转换

在 VHDL 语言中，数据类型的定义是相当严格的，不同类型的数据是不能进行运算和赋值的。为了实现不同类型的数据赋值，就要进行数据类型的转换。转换函数在 VHDL 语言程序包中定义，数据类型转换函数如表 3-2 所示。

表 3-2 数据类型转换函数

程序包名称	函 数 名 称	功 能
STD_LOGIC_1164	TO_BIT	由 STD_LOGIC 转换为 BIT
	TO_BIT_VECTOR	由 STD_LOGIC_VECTOR 转换为 BIT_VECTOR
	TO_STD_LOGIC	由 BIT 转换为 STD_LOGIC
	TO_STD_LOGIC_VECTOR	由 BIT_VECTOR 转换为 STD_LOGIC_VECTOR
STD_LOGIC_ARITH	CONV_INTEGER	由 UNSIGNED、SIGNED 转换为 INTEGER
	CONV_UNSIGNED	由 SIGNED、INTEGER 转换为 UNSIGNED
	CONV_STD_LOGIC_VECTOR	由 INTEGER、UNSDGNED、SIGNED 类型转换为 STD_LOGIC_VECTOR
STD_LOGIC_UNSIGNED	CONV_INTEGER	由 STD_LOGIC_VECTOR 转换为 INTEGER

例如把 INTEGER 数据类型的信号 A 转换为 STD_LOGIC_VECTOR 数据类型的信号 B，程序如下：

```
SIGNAL A：INTEGER RANGER 0 TO 15;            --定义信号 A
SIGNAL B：STD_LOGIC_VECTOR(3 DOWNTO 0);       --定义信号 B
B<=CONV_STD_LOGIC_VECTOR(A);                 --调用转换函数
```

☞注意：

使用数据类型转换函数 CONV_STD_LOGIC_VECTOR，需要调用 IEEE 库中的 STD_LOGIC_ARITH 程序包。

3.2.4 VHDL 的运算符

VHDL 与其他高级语言相似，有着丰富的运算符，以满足描述不同功能的需要。主要有 5 类常用的运算符，分别是逻辑运算符、关系运算符、移位运算符、符号运算符和算术运算符，VHDL 运算符表如表 3-3 所示。

表 3-3 VHDL 运算符表

运算符类型	运 算 符	功 能	运 算 符	功 能
逻辑运算符	NOT	逻辑非	NOR	逻辑或非
	AND	逻辑与	XOR	逻辑异或
	OR	逻辑或	XNOR	逻辑同或
	NAND	逻辑与非		
关系运算符	=	等于	>	大于
	/=	不等于	<=	小于或等于
	<	小于	>=	大于或等于
移位运算符	SLL	逻辑左移	SRA	算术右移
	SLA	算术左移	ROL	循环左移
	SRL	逻辑右移	ROR	循环右移
符号运算符	+	正号	−	负号
	&	位连接		
算术运算符	+	加号	MOD	取模
	−	减号	REM	取余
	*	乘	**	乘方
	/	除	ABS	取绝对值

1）逻辑运算符。VHDL 有 7 种逻辑运算符：AND、OR、NAND、NOR、XOR、XNOR 和 NOT。这些逻辑运算符可以对 BIT、BOOLEAN 和 STD_LOGIC 等类型的对象进行运算，也可以对这些数据类型组成的数组进行运算，同时要求逻辑运算符左边和右边的数据类型必须相同；对数组来说就是参与运算数组的位数要相同，并且结果也是同位数的数组。

在这些运算符中，NOT 和算术运算符中的 ABS、**的优先级相同，是所有运算符中优先级最高的。其他 6 个运算符优先级相同，是所有运算符中优先级最低的。在一些高级语言中，逻辑运算符有从左向右或从右向左的优先组合顺序，而在 VHDL 中，左右没有优先组合的区别，一个表达式中如果有多个逻辑运算符，运算顺序的不同可能会影响运算结果，就需要用括号来解决组合顺序的问题。

例如：q <= a AND b OR NOT c AND d；这条语句在编译时会给出语法错误信息，可以加上括号改为：q <= (a AND b) OR (NOT (c AND d));

如果逻辑表达式中只有 AND（或 OR、XOR 等）的情况下可以不加括号，因为对于这 3 种逻辑运算来说，改变运算顺序不会影响逻辑结果。例如：q <= a AND b AND c AND d；q <= a OR b OR c OR d；q <= a XOR b XOR c XOR d；这 3 条语句都是正确的表达式。而以下两个语句在语法上是错误的：q <= a AND b NAND c AND d；q <= a NOR b NOR c NOR d；

2）关系运算符。VHDL 有 6 种关系运算符，是将两个相同类型的操作数进行数值相等比较或大小比较，要求这些关系运算符两边的数据类型必须相同，其运算结果为 BOOLEAN 类型，即表达式成立结果为 TURE，不成立结果为 FALSE。这 6 种运算符的优先级相同，仅高于逻辑运算符（除 NOT 外）。

运算符=和/=适用于所有已经定义过的数据类型；其他 4 种关系运算符则适用于整数、实数、BIT 和 STD LOGIC 等类型。另外<=符号有两种含义（小于或等于运算符以及信号赋

值符），在阅读源代码时要根据上下文判断具体的意义。

3）移位运算符。移位运算符是 VHDL_94 新增的运算符，其中 SLL（逻辑左移）和 SRL（逻辑右移）是逻辑移位、SLA（算术左移）和 SRA（算术右移）是算术移位、ROL（循环左移）和 ROR（循环右移）是循环移位。逻辑移位用 0 填补移空的位；算术移位把首位看作符号位，移位时保持符号不变，因此移空的位用最初的首位来填补；循环移位是用移出的位依次填补移空位。移位运算都是双目运算符，只定义在一维数组上，左操作数（移位数据）必须是 BIT 和 BOOLEAN 型，右操作数（移动位数）必须是整数类型。例如："10011011" SLL 1="00110110"；逻辑左移 1 位，移空位用 0 填补、"11011010" SLA 1="10110101"；算术左移 1 位，移空位用符号位 1 填补、"10011011" ROL 2="01101110"；循环左移 2 位，移出的 10 依次补在数尾。

这 6 种运算符的优先级相同，高于关系运算符。

4）符号运算符。+（正号）、–（负号）与日常数值运算相同，主要用于浮点和物理类型运算。物理类型常用作测试单元，表示像时间、电压及电流等物理量，可以视为与物理单位有关的整数，能方便地表示、分析和校验量纲，物理类型只对仿真有意义而对于综合无意义。+（正号）、–（负号）运算符为单目运算符，优先级高于加、减运算符，低于乘、除运算符。

位连接运算符也称为并置运算符，只有一种符号，用&表示。用于数据位或向量的连接，就是将运算符右边的内容接在左边的内容之后形成一个新的数组。例如："1011" & "010"的结果为"1011010"。其优先级与加、减运算符相同，高于移位运算符，低于+（正号）、–（负号）运算符。

5）算术运算符。算术运算符中，单目运算（ABS、**）的操作数可以是任何数据类型，+（加）、–（减）的操作数为整数类型，*（乘）、/（除）的操作数可以为整数或实数。物理量（如时间等）可以被整数（或实数）相乘（或相除），其运算结果仍为物理量。MOD（取模）和 REM（取余）只能用于整数类型。MOD 和 REM 运算的区别是符号不同，如果有两个操作数 a 和 b，表达式 a REM b 的符号与 a 相同；表达式 a MOD b 的符号与 b 相同。例如：7 REM –2=1、–7 REM 2=–1、–7 MOD 2=1、7 MOD –2=–1。运算符*、/、MOD、REM 的优先级相同，高于符号运算符，低于 NOT、ABS 和**运算符。

ABS（取绝对值）运算符可用于任何数据类型，**（乘方）运算符的左操作数可以是整数或实数，右操作数必须是整数，并且只有在左操作数为实数时，其右操作数才可以是负整数。

3.3 VHDL 的并行语句

VHDL 语句用来描述系统内部硬件结构、动作行为及信号间的基本逻辑关系，这些语句不仅是程序设计的基础，也是最终构成硬件的基础。VHDL 程序主要有两类常用语句：顺序语句和并行语句。

并行语句是 VHDL 区别于传统软件描述语言最显著的一个方面。各种并行语句在结构体中是同时并发执行的，也就是说，只要某个信号发生变化，都会引起相应语句被执行而产生相应的输出，其执行顺序与书写顺序没有任何关系。在结构体中常用的并行语句有：信号赋值语句、进程语句、元件例化语句、块语句和生成语句等。

3.3.1 信号赋值语句

赋值语句是将一个值或者一个表达式的结果传递给某一个数据对象，数据在实体内部的传递以及对端口外的传递都必须通过赋值语句来实现。信号赋值语句有 3 种形式：简单信号赋值语句、条件信号赋值语句和选择信号赋值语句。其共同点是赋值目标必须都是信号，这 3 种语句与其他并行语句一样，在结构体内是同时执行的。

1．简单信号赋值语句

简单信号赋值语句的格式为：信号 <= 表达式；

【例 3-3】 用并行信号赋值语句描述表达式 $y=ab+c\oplus d$。

```
ENTITY logic IS
PORT（a，b，c，d：IN     BIT；
              y：OUT   BIT）；
END logic；
ARCHITECTURE de OF logic IS
   SIGNAL e：BIT；                           -- 定义 e 为信号
    BEGIN
      y <=（a AND b）OR e；                 -- 以下两条并行语句与顺序无关
      e <= c XOR d；
END de；
```

2．条件信号赋值语句

条件信号赋值语句是一种并行信号赋值语句，可以根据不同的条件将不同的表达式值赋给目标信号。格式如下：

```
信号 <= 表达式 1  WHEN 赋值条件 1  ELSE
       表达式 2  WHEN 赋值条件 2  ELSE
                ……
       表达式 n；
```

执行该语句时首先要进行条件判断，然后再进行信号赋值操作。例如，当条件 1 满足时，就将表达式 1 的值赋给目标信号；当条件 2 满足时，就将表达式 2 的值赋给目标信号；当所有的条件都不满足时，就将表达式 *n* 的值赋给目标信号。使用条件信号赋值语句时，应该注意以下几点。

1）只有当条件满足时，才能将该条件前面的表达式值赋给目标信号。

2）对条件进行判断是有顺序的，位置靠前的条件具有较高的优先级，只有不满足本条件的时候才会去判断下一个条件。

3）条件表达式的结果为布尔类型。

4）最后一个表达式后面不含有 WHEN 子句。

5）条件信号赋值语句允许条件重叠，但位置在后面的条件不会被执行。

【例 3-4】 用条件信号赋值语句描述"四选一"电路。

```
LIBRARY IEEE；
   USE IEEE.STD_LOGIC_1164.ALL；
```

```
ENTITY selection4 IS
  PORT（a ：IN   STD_LOGIC_VECTOR（3 DOWNTO 0）；
          sel：IN   STD_LOGIC_VECTOR（1 DOWNTO 0）；
            y：OUT STD_LOGIC）；
END selection4;
ARCHITECTURE one OF selection4 IS
   BEGIN
     y <= a（0）  WHEN sel = "00" ELSE    — 从第 1 个条件开始判断
          a（1）  WHEN sel = "01" ELSE
          a（2）  WHEN sel = "10" ELSE
          a（3）；
END one;
```

最后一个表达式可以不跟条件句，表示以上条件均不满足时，将此表达式的值赋给信号。

☞**注意：**

只有 END 前的表达式后用分号，其他表达式不用任何符号。

3．选择信号赋值语句

选择信号赋值语句是一种条件分支的并行语句，格式如下：

```
WITH 选择表达式 SELECT
        目标信号 <= 信号表达式 1 WHEN 选择条件 1,
                    信号表达式 2 WHEN 选择条件 2,
                    ……
                    信号表达式 n WHEN 选择条件 n;
```

执行该语句时首先对选择条件表达式进行判断，当选择条件表达式的值符合某一选择条件时，就将该条件前面的信号表达式赋给目标信号。例如，当选择条件表达式的值符合条件 1 时，就将信号表达式 1 赋给目标信号；当选择条件表达式的值符合选择条件 n 时，就将信号表达式 n 赋给目标信号。使用选择信号赋值语句时，应该注意以下几点。

1）只有当选择条件表达式的值符合某一选择条件时，才将该选择条件前面的信号表达式赋给目标信号。

2）每一个信号表达式后面都含有 WHEN 子句。

3）由于选择信号赋值语句是并发执行的，所以不能够在进程中使用。

4）对选择条件的测试是同时进行的，语句将对所有的选择条件进行判断，而没有优先级之分。这时如果选择条件重叠，就有可能出现两个或两个以上的信号表达式赋给同一目标信号，这样就会引起信号冲突，因此不允许有选择条件重叠的情况。

5）选择条件不允许出现涵盖不全的情况。如果选择条件不能涵盖选择条件表达式的所有值，就有可能出现选择条件表达式的值找不到与之符合的选择条件，这时编译将会给出错误信息。

【例 3-5】 用选择信号赋值语句描述“四选一”电路，并比较与条件信号赋值语句的区别。程序如下：

```
LIBRARY IEEE;
```

```
  USE IEEE.STD_LOGIC_1164.ALL;
ENTITY   mux4   IS
PORT(d0,d1,d2,d3: IN   STD_LOGIC;
             s0,s1: IN   STD_LOGIC;
                  q: OUT STD_LOGIC);
END mux4;
ARCHITECTURE rt1 OF mux4 IS
  SIGNAL comb  :   STD_LOGIC_VECTOR(1 DOWNTO 0);
BEGIN
   comb<=s1 & s0;        --  连接 s1 和 s0
   WITH comb SELECT
         q<=d0 WHEN "00",
            d1 WHEN "01",
            d2 WHEN "10",
            d3 WHEN "11",
            'Z' WHEN OTHERS;          --'Z'必须大写，表示高阻状态
END rt1;
```

需要注意的是，以上程序的选择信号赋值语句中，comb 的值"00"、"01"、"10"和"11"被明确规定，而用保留字 OTHERS 来表示 comb 的所有其他可能值。因此，为了使选择条件能够涵盖选择条件表达式的所有值，这里用 OTHERS 来代替 comb 的所有其他可能值。

☞注意:

每条 WHEN 短句表示并列关系用逗号，最后一句用分号。

3.3.2 块语句

块语句是一种并行语句的组合方式，可以使程序更加有层次、更加清晰。在物理意义上，一个块语句对应一个子电路；在逻辑电路图上，一个块语句对应一个子电路图。块语句的格式如下：

```
块标号：BLOCK
        说明语句;
     BEGIN
        并行语句;
        ……
     END BLOCK  块标号;
```

块标号是块的名称，块说明语句与结构体的说明语句相同，用来定义块内局部信号、数据类型、元件和子程序，在块内并行语句区可以使用所有的并行语句。

【例 3-6】 设计一个电路，包含一个半加器和一个半减器。a 和 b 为输入端、sum 和 co（进位）为半加器的输出端、sub 和 bo（借位）为半减器的输出端。电路的逻辑关系为半加器：$sum = a \oplus b, co = ab$；半减器：$sub = a \oplus b, bo = \overline{a}b$。

把加法器和减法器分成两个功能模块，分别用两个块语句来表示，程序如下：

```
LIBRARY IEEE;
```

```
    USE IEEE.STD_LOGIC_1164.ALL;
    USE IEEE.STD_LOGIC_UNSIGNED.ALL;
ENTITY adsu IS
    PORT（         a，b：IN   STD_LOGIC;
        co，sum，bo，sub：OUT STD_LOGIC）;
END adsu;
ARCHITECTURE str OF adsu IS
    BEGIN
        half_add：BLOCK                          --半加器块开始
          BEGIN
            sum <= a XOR b;
            co <= a AND b;
        END BLOCK half_add;                      --半加器块结束
        half_sub：BLOCK                          --半减器块开始
            BEGIN
              sub <= a XOR b;
              bo <=（NOT a）AND b;
        END BLOCK half_sub;                      --半减器块结束
END str;
```

3.3.3 进程语句

一个结构体内可以包含多个进程语句，多个进程之间是同时执行的。进程语句本身是并行语句，但每个进程的内部则由一系列顺序语句构成。进程语句的格式如下：

```
[进程名]：PROCESS（敏感信号表）
    进程说明;                          --说明用于该进程的常数、变量和子程序
BEGIN
    变量和信号赋值语句;
    顺序语句;
END PROCESS [进程名];
```

进程语句是最重要的并行语句，是 VHDL 程序设计中应用最频繁也是最能体现硬件描述语言特点的一种语句。进程语句的主要特点归纳如下。

1）同一结构体中的各个进程之间是并发执行的，并且都可以使用实体说明和结构体中所定义的信号；而同一进程中的描述语句则是顺序执行的，并且在进程中只能设置顺序语句。

2）为启动进程，进程的结构中必须至少包含一个敏感信号。

3）一个结构体中的各个进程之间可以通过信号或共享变量来进行通信，但任一进程的进程说明部分不允许定义信号和共享变量。

4）进程语句是 VHDL 中的重要的建模语句，进程语句不但可以被综合器所支持，而且进程的建模方式直接影响仿真和综合的结果。

3.3.4 元件例化语句

一个程序包括实体和结构体，实体提供了设计单元的端口信息，结构体描述设计单元的

结构和功能，最后通过综合、仿真等一系列操作，得到一个具有特定功能的电路元件。这些设计好的元件保存在当前工作目录中，其他设计实体的结构体可以调用这些元件。元件声明语句和元件例化语句就是在一个结构体中定义元件和实现元件调用的两条语句，元件声明语句放在结构体的 ARCHITECTURE 和 BEGIN 之间，指出该结构体调用哪一个具体的元件。元件例化语句是指元件的调用，语句中的 PORT MAP 是端口映射的意思，表示结构体与元件端口之间交换数据的方式（元件调用时要进行数据交换）。两种语句的格式如下。

1）元件声明语句（COMPONENT）格式如下。

```
COMPONENT 元件名
     PORT 元件端口说明 （与该元件源程序实体中的 PORT 部分相同）
END COMPONENT;
```

2）元件例化语句（PORT MAP）格式如下：

```
例化名：元件名 PORT MAP（元件端口对应关系列表）;
```

例化名是一定要有的，相当于当前系统的一个插座名，在具体的结构体中必须是唯一的。元件名是准备在此插入已定义（声明）的元件名，即元件名必须与 COMPONENT 语句中的引用元件名相一致。PORT MAP 右边括号中端口列表的作用就是实现元件中的端口信号与结构体中的实际信号的正确连接。当采用 PORT MAP 语句进行元件端口信号映射时，信号之间有位置映射和名称映射两种映射（关联）方式。

1）位置映射。就是被调用元件端口说明中信号的书写顺序及位置和 PORT MAP 语句中实际信号的书写顺序及位置一一对应。例如某元件的端口说明为：PORT（a，b：IN BIT；c：OUT BIT）；调用该元件时可使用：com1：u1 PORT MAP（n1，n2，m）；显然 n1 对应 a，n2 对应 b，m 对应 c，com1 是例化名，u1 是元件名。

2）名称映射。就是将库中已有的模块的端口名称赋予设计中的信号名。上例可改为：com1：u1 PORT MAP（a => n1，b => n2，c => m）；

【例 3-7】 用元件例化语句实现四位移位寄存器的设计。

1）题目分析。移位寄存器就是一种具有移位功能的寄存器阵列。移位功能是指寄存器里面存储的数据能够在外部时钟信号的作用下进行顺序左移或者右移，因此移位寄存器常常用来存储数据、实现数据的串并转换、进行数值运算以及数据处理等。四位移位寄存器可由 4 个 D 触发器组成，设触发器采用边沿触发方式，第一个触发器的输入端用来接收四位寄存器的输入信号，其余的每一个触发器的输入端均与前面一个触发器的 Q 端相联。采用了上述设定方式的四位移位寄存器的电路逻辑图如图 3-1 所示。

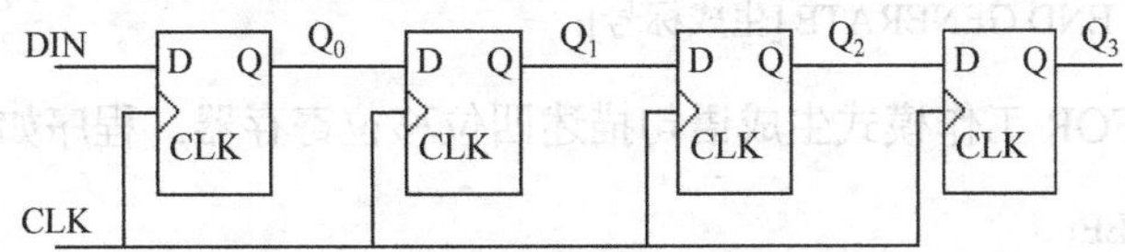

图 3-1　四位移位寄存器的电路逻辑图

2）程序设计。根据题目分析，设计的程序如下：

```
LIBRARY IEEE;
   USE IEEE.STD_LOGIC_1164.ALL;
```

```
ENTITY  shift IS
  PORT( d1：IN   STD_LOGIC；
        cp：IN   STD_LOGIC；
        d0：OUT  STD_LOGIC)；
END shift；
ARCHITECTURE  str  OF  shift  IS
  COMPONENT dff                              --元件声明语句
    PORT( d：IN   STD_LOGIC；
          clk：IN   STD_LOGIC；
          q：OUT STD_LOGIC)；
  END COMPONENT；
  SIGNAL q：STD_LOGIC_VECTOR(4 DOWNTO 0)；
BEGIN
    q(0)<= d1；
    dff1 ：dff   PORT MAP (q(0),cp,q(1))；          --元件例化语句
    dff2 ：dff   PORT MAP (q(1),cp,q(2))；
    dff3 ：dff   PORT MAP (q(2),cp,q(3))；
    dff4 ：dff   PORT MAP (q(3),cp,q(4))；
    d0<=q(4)；
  END str；
```

元件例化语句与块语句都属于并行语句，元件例化语句主要用于模块化的程序设计中，并且使用该语句可以直接利用以前建立的 VHDL 模块，因此设计人员常常将一些使用频率很高的元件程序放在工作库中，以便于在以后的设计中直接调用，避免了大量重复性的书写工作。元件例化语句也体现了分层次的思想，每个元件就是一个独立的设计实体，可以把一个复杂的设计实体划分成多个简单的元件来设计。

3.3.5　生成语句

生成语句是一种循环语句，具有复制电路的功能。当设计一个由多个相同单元模块组成的电路时，利用生成语句复制一组完全相同的并行组件或设计单元电路结构，避免多段相同结构的重复书写，以简化设计。生成语句有 FOR 工作模式和 IF 工作模式两种。

1．FOR 工作模式的生成语句

FOR 工作模式常常用来进行重复结构的描述，格式如下：

```
[生成标号：] FOR  循环变量   IN  取值范围  GENERATE
                  并行语句；
            END GENERATE [生成标号]；
```

【例 3-8】　用 FOR 工作模式生成语句描述四位移位寄存器。程序如下：

```
LIBRARY IEEE；
 USE IEEE.STD_LOGIC_1164.ALL；
ENTITY   shiftreg IS
  PORT( d1：IN      STD_LOGIC；
        cp：IN      STD_LOGIC；
        d0：OUT    STD_LOGIC)；
```

```
END shiftreg;
ARCHITECTURE str    OF    shiftreg IS
  COMPONENT dff                                              --元件声明
    PORT( d: IN    STD_LOGIC;
          clk: IN    STD_LOGIC;
            q: OUT STD_LOGIC);
  END COMPONENT;
  SIGNAL q: STD_LOGIC_VECTOR(4 DOWNTO 0);
  BEGIN
    q(0)<= d1;
    reg1: FOR i IN 0 TO 3 GENERATE                           --FOR 工作模式生成语句
          dffx: dff   PORT   MAP (q(i), cp, q(i+1));         --元件例化
          END GENERATE reg1;
    d0<=q(4);
  END str;
```

通过比较【例 3-7】和【例 3-8】两个程序可以看出，【例 3-8】用一个 FOR 工作模式的生成语句来代替了 4 条元件例化语句。不难看出，当移位寄存器的位数增加时，FOR 工作模式的生成语句只需要修改循环变量 i 的循环范围就可以了。

FOR 工作模式的生成语句无法描述端口内部信号和端口信号的连接，所以【例 3-8】中只好用了两条信号赋值语句来实现内部信号和端口信号的连接。另外，实现内部信号和端口信号的连接还有一种方法，就是 IF 工作模式的生成语句。

2. IF 工作模式的生成语句

IF 工作模式的生成语句常用来描述带有条件选择的结构。格式如下：

```
[生成标号：] IF  条件  GENERATE
          并行语句;
         END GENERATE [生成标号];
```

其中，条件是一个布尔表达式，返回值为布尔类型：当返回值为 TRUE 时，就会去执行生成语句中的并行处理语句；当返回值为 FALSE 时，则不执行生成语句中的并行处理语句。

FOR 工作模式生成语句常用来进行重复结构的描述，其循环变量是一个局部变量，取值范围可以选择递增和递减两种形式，如 0 TO 4（递增）和 3 DOWNTO 1（递减）等。IF 工作模式生成语句主要用于描述含有例外情况的结构，如边界处发生的特殊情况。该语句中只有 IF 条件为 TURE 时，才执行结构体内部的语句。由于两种工作模式各有特点，因此在实际的硬件数字电路设计中，两种工作模式常常可以同时使用。

【例 3-9】 用 FOR 和 IF 工作模式的生成语句描述八位移位寄存器。程序如下：

```
LIBRARY IEEE;
  USE IEEE.STD_LOGIC_1164.ALL;
ENTITY    shift1 IS
  PORT( d1:    IN     STD_LOGIC;
        cp:    IN     STD_LOGIC;
        d0:    OUT STD_LOGIC);
```

```
END shift1;
ARCHITECTURE str  OF  shift1 IS
  COMPONENT dff
    PORT( d：IN STD_LOGIC;
        clk：IN STD_LOGIC;
          q：OUT STD_LOGIC);
  END COMPONENT;
  SIGNAL q：STD_LOGIC_VECTOR(7 DOWNTO 1);
  BEGIN
   reg:
    FOR i IN 0 TO 7 GENERATE                    -- FOR 工作模式生成语句
      g1：IF i=0 GENERATE                        --IF 工作模式生成语句
          dffx：dff  PORT  MAP(d1，cp，q(i+1));
          END GENERATE;
      g2：IF i=7 GENERATE
          dffx：dff  PORT  MAP (q(i)，cp，d0);
          END GENERATE;
      g3：IF ((i/=0)AND(i/=7)) GENERATE          --IF 语句描述规则部分
          dffx：dff PORT MAP(q(i)，cp，q(i+1));
          END GENERATE;
    END GENERATE reg;
  END str;
```

本程序使用了元件说明语句、元件例化语句、FOR 工作模式生成语句和 IF 工作模式生成语句实现了一个由 8 个 D 触发器构成的八位移位寄存器。在 FOR 工作模式的生成语句中，IF 工作模式的生成语句首先进行条件 i=0 和 i=7 的判断，即判断所产生的 D 触发器是移位寄存器的第一级还是最后一级。如果是第一级触发器，就将寄存器的输入信号 d1 代入到 PORT MAP 语句中；如果是最后一级触发器，就将寄存器的输出信号 d0 代入到 PORT MAP 语句中。这样就方便地实现了内部信号和端口信号的连接，而不需要再采用其他的信号赋值语句了。

3.4 编码器的设计

在一些场合，需要用特定的符号或数码表示特定的对象，例如一个班级中的每个同学都有不重复的学号，每个电话用户都有一个特定的号码等。在数字电路中，需要将具有某种特定含义的信号变成代码，利用代码表示具有特定含义对象的过程，称为编码。能够完成编码功能的器件，称为编码器（Encoder）。编码器分为普通编码器和优先级编码器两类。

3.4.1 8–3 线普通编码器

普通编码器在某一时刻只能对一个输入信号进行编码，即只能有一个输入端有效，当信号高电平有效时，则应只有一个输入信号为高电平，其余输入信号均为低电平。一般来说，由于 n 位二进制代码可以表示 2^n 种不同的状态，所以，2^n 个输入信号只需要 n 个输出就能完成编码工作。

1．题目要求

利用 Quartus Ⅱ软件的文本输入方式，设计一个 8-3 线普通编码器，完成编译和波形仿真后，下载到实验平台验证电路功能。

2．电路设计

8-3 线普通编码器电路具有 8 个输入端，3 个输出端（$2^3=8$），属于二进制编码器。用 X7～X0 表示 8 路输入，Y2～Y0 表示 3 路输出。原则上对输入信号的编码是任意的，常用的编码方式是按照二进制的顺序由小到大进行编码。设输入、输出均为高电平有效，列出 8-3 线普通编码器真值表，如表 3-4 所示。

表 3-4　8-3 线普通编码器真值表

输入变量								输出变量		
X7	X6	X5	X4	X3	X2	X1	X0	Y2	Y1	Y0
0	0	0	0	0	0	0	1	0	0	0
0	0	0	0	0	0	1	0	0	0	1
0	0	0	0	0	1	0	0	0	1	0
0	0	0	0	1	0	0	0	0	1	1
0	0	0	1	0	0	0	0	1	0	0
0	0	1	0	0	0	0	0	1	0	1
0	1	0	0	0	0	0	0	1	1	0
1	0	0	0	0	0	0	0	1	1	1

3．建立项目

1）在计算机的 E 盘，建立文件夹 E:\EXAM331 作为项目文件夹。

2）启动 Quartus Ⅱ，单击“Create a New Project”按钮打开新项目建立向导，也可以单击菜单“File”→“New”→“New Quartus Ⅱ Project”，在新项目建立向导对话框中分别输入项目文件夹、项目名和顶层设计实体名。项目名为 ENCODE，顶层设计实体名也为 ENCODE。

3）由于采用文本输入方式，在添加文件对话框的 File name 中输入 ENCODE.vhd，然后单击“Add”按钮，添加该文件。

4）在器件设置对话框中，根据实验箱或开发板上使用的器件决定选择的芯片系列和具体元件，本书选择 Cyclone Ⅳ E 系列的 EP4CE6E22C8 芯片。

5）单击“Finish”按钮，关闭新项目建立向导。

☞**注意：**

软件的标题栏必须变为 E:/EXAM331/ENCODE - ENCODE。

4．编辑与编译

1）编辑。单击“File”→“New”选项，选中 VHDL File，单击“OK”按钮，在打开的文本文件编辑窗口内，输入以下程序：

```
LIBRARY IEEE;
 USE IEEE.STD_LOGIC_1164.ALL;
ENTITY ENCODE IS
```

```
  PORT(X : IN STD_LOGIC_VECTOR(7 DOWNTO 0);
       Y : BUFFER   STD_LOGIC_VECTOR(2 DOWNTO 0));
END ENCODE;
ARCHITECTURE A OF ENCODE IS
  BEGIN
    WITH X SELECT
          Y<="000" WHEN "00000001",
               "001" WHEN "00000010",
               "010" WHEN "00000100",
               "011" WHEN "00001000",
               "100" WHEN "00010000",
               "101" WHEN "00100000",
               "110" WHEN "01000000",
               "111" WHEN "10000000",
               "ZZZ" WHEN OTHERS;          --"ZZZ"必须大写，表示高阻状态
  END A;
```

☞**注意：**

程序中的标点符号不能使用中文。

2）输入完成后，单击“File”→“Save As”选项，将文件保存在已建立的文件夹 E:\EXAM331 下，文件名为 ENCODE，文件保存类型选择为 VHDL File。

3）单击“Processing”→“Start Compilation”选项，启动全程编译。如果设计中存在错误，可以根据 Massage-Compiler 窗口所提供的信息进行修改，重新编译，直到没有错误为止。

5．波形仿真

1）建立波形输入文件，设定仿真时间和周期后，将波形文件以 ENCODE 为名，存入文件夹 E:\ EXAM331 文件夹下。

2）加入元件引脚，调整波形坐标间距后编辑波形。

3）单击“Processing”→“Start Simulation”选项，启动仿真器。使用调整焦距工具调整波形坐标间距，8-3 线普通编码器仿真波形如图 3-2 所示。

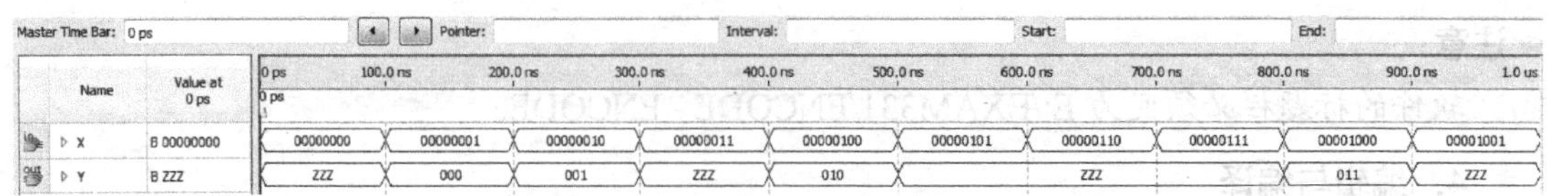

图 3-2　8-3 线普通编码器仿真波形

6．编程

1）根据使用实验箱的具体情况锁定引脚，再次编译。

2）编译成功后，使用电缆将计算机和实验箱连接，接通实验箱电源。

3）单击“Tools”→“Programmer”选项，在编程窗口中进行硬件配置。

4）在编程窗口中，单击“Add Files”按钮，在弹出的对话框中，再打开 output_files 文件夹，单击选中“ENCODE.sof”文件，再单击“Start”按钮，即可开始对芯片编程。

7．电路测试

按下与 X7 锁定的按键，输出信号应该为 111；抬起与 X7 锁定的按键，按下与 X3 锁定的按键，输出信号应该为 011；不抬起与 X3 锁定的按键，再按下与 X7 锁定的按键，由于输入编码信号超过 1 个，输出信号为高阻状态（观察与低电平的区别）；按下与其他信号端锁定的按键，观察输出信号。

3.4.2 优先编码器

普通编码器工作时若同时出现两个以上的有效输入信号，则会造成电路工作的混乱，为此设计了优先编码器。优先编码器允许多个有效输入信号同时存在，但根据事先设定的优先级别不同，编码器只输入信号中优先级别最高的编码请求，而不响应其他的输入信号。

1．题目要求

利用 QuartusⅡ软件的文本输入方式，设计一个 8421-BCD 优先编码器，设大数优先级别高，完成编译和波形仿真后，下载到实验平台验证电路功能。

2．电路设计

8421-BCD 优先编码器具有 10 个输入端，分别代表十进制数 9～0，用 X9～X0 表示；具有 4 个输出端，代表对应输入的 8421 码，用 Y3～Y0 表示。根据题意输入十进制数越大，其优先级别越高。设输入、输出均为高电平有效，8421-BCD 优先编码器真值表如表 3-5 所示（表中×表示任意状态）。

表 3-5　8421-BCD 优先编码器真值表

输入变量										输出变量			
X9	X8	X7	X6	X5	X4	X3	X2	X1	X0	Y3	Y2	Y1	Y0
0	0	0	0	0	0	0	0	0	1	0	0	0	0
0	0	0	0	0	0	0	0	1	×	0	0	0	1
0	0	0	0	0	0	0	1	×	×	0	0	1	0
0	0	0	0	0	0	1	×	×	×	0	0	1	1
0	0	0	0	0	1	×	×	×	×	0	1	0	0
0	0	0	0	1	×	×	×	×	×	0	1	0	1
0	0	0	1	×	×	×	×	×	×	0	1	1	0
0	0	1	×	×	×	×	×	×	×	0	1	1	1
0	1	×	×	×	×	×	×	×	×	1	0	0	0
1	×	×	×	×	×	×	×	×	×	1	0	0	1

3．建立项目

1）在计算机的 E 盘，建立文件夹 E:\EXAM332 作为项目文件夹、项目名为 PENCODE，顶层设计文件名也为 PENCODE。

2）启动 QuartusⅡ，在添加文件对话框的 File name 中输入 PENCODE.vhd，然后单击

“Add”按钮，添加该文件。

3）设置完成后，单击“Finish”按钮，关闭新项目建立向导。

☞注意：

软件的标题栏必须变为 E:/EXAM332/PENCODE-PENCODE。

4．编辑与编译

1）编辑。单击“File”→“New”对话框，在 Design Files 下选中 VHDL File 选项，单击“OK”按钮。在文本编辑区输入以下程序：

```
LIBRARY IEEE;
 USE IEEE.STD_LOGIC_1164.ALL;
ENTITY PENCODE IS
 PORT(X : IN STD_LOGIC_VECTOR(9 DOWNTO 0);
      Y : OUT   STD_LOGIC_VECTOR(3 DOWNTO 0));
END PENCODE;
ARCHITECTURE A OF PENCODE IS
  BEGIN
   Y<="1001" WHEN X(9)='1' ELSE
       "1000" WHEN X(8)='1' ELSE
       "0111" WHEN X(7)='1' ELSE
       "0110" WHEN X(6)='1' ELSE
       "0101" WHEN X(5)='1' ELSE
       "0100" WHEN X(4)='1' ELSE
       "0011" WHEN X(3)='1' ELSE
       "0010" WHEN X(2)='1' ELSE
       "0001" WHEN X(1)='1' ELSE
       "0000" WHEN X(0)='1' ELSE
       "ZZZZ";
END A;
```

2）输入完成后，单击“File”→“Save As”选项，将文件保存在已建立的文件夹 E:\EXAM332 下，文件名为 PENCODE，文件保存类型选择为 VHDL File。

3）单击“Processing”→“Start Compilation”选项，启动全程编译。如果设计中存在错误，可以根据 Massage-Compiler 窗口所提供的信息进行修改，重新编译，直到没有错误为止。

5．波形仿真

1）建立波形输入文件，设定仿真时间和周期后，将波形文件以 PENCODE 为名，存入文件夹 E:\ EXAM332 文件夹下。

2）加入元件引脚，调整波形坐标间距后编辑波形。

3）单击“Processing”→“Start Simulation”选项，启动仿真器。使用调整焦距工具调整波形坐标间距，8421-BCD 优先编码器仿真波形如图 3-3 所示。

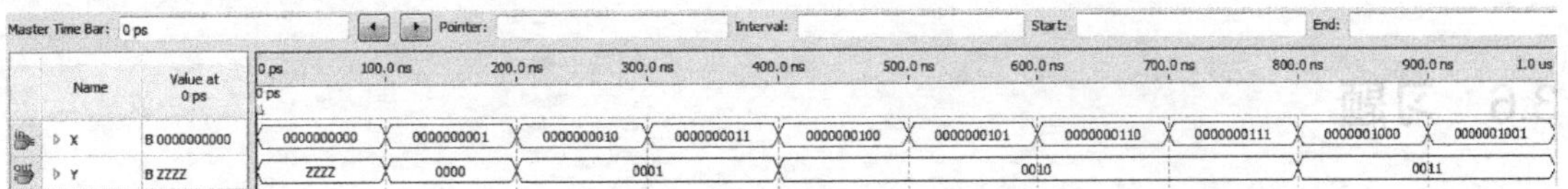

图 3-3　8421-BCD 优先编码器仿真波形

6．编程

1）根据使用实验箱的具体情况锁定引脚，再次编译。

2）编译成功后，使用电缆将计算机和实验箱连接，接通实验箱电源。

3）单击“Tools”→“Programmer”选项，在编程窗口中进行硬件配置。

4）在编程窗口中，单击“Add Files”按钮，在弹出的对话框中，再打开 output_files 文件夹，单击选中 PENCODE.sof 文件，再单击“Start”按钮，即可开始对芯片编程。

7．电路测试

按下与 X7 锁定的按键，输出信号应该为 0111；按下与 X3 锁定的按键，如果没有抬起与 X7 锁定的按键，输出信号应该仍为 0111，抬起与 X7 锁定的按键后才能输出 0011；同样操作与其他信号端锁定的按键，观察输出信号。

3.5　实训　3-8 线译码器的设计

1．题目说明

译码器是把输入的二进制代码翻译成对应的输出信号，与编码器正好相反。设 3-8 线译码器的输入端为 d2～d0；输出端为 y7～y0，低电平有效。3-8 线译码器真值表如表 3-6 所示。

表 3-6　3-8 线译码器真值表

输入变量			输出变量							
d2	d1	d0	y7	y6	y5	y4	y3	y2	y1	y0
0	0	0	1	1	1	1	1	1	1	0
0	0	1	1	1	1	1	1	1	0	1
0	1	0	1	1	1	1	1	0	1	1
0	1	1	1	1	1	1	0	1	1	1
1	0	0	1	1	1	0	1	1	1	1
1	0	1	1	1	0	1	1	1	1	1
1	1	0	1	0	1	1	1	1	1	1
1	1	1	0	1	1	1	1	1	1	1

2．设计提示

参考 8-3 线编码器程序，使用信号赋值语句实现。

3．实训报告

1）写出 VHDL 程序。

2）记录仿真波形。

3）分析实训结果。

3.6 习题

1．填空

1）VHDL 设计文件由（　　）、（　　）、库和（　　）等部分构成，其中（　　）和（　　）可以构成最基本的 VHDL 程序。

2）在 VHDL 中最常用的库是（　　）标准库。

3）VHDL 的结构体用来描述设计实体的（　　）和（　　），是外界看不到的部分。

4）在 VHDL 的端口声明语句中，端口方向包括（　　）、（　　）、（　　）和（　　）。

5）VHDL 的字符是以（　　）括起来的数字、字母或符号。

6）VHDL 的标识符名必须以（　　）开头，后跟若干字母、数字或单个下划线构成。

7）VHDL 的数据对象包括（　　）、（　　）和（　　），用来存储各种类型的数据。

8）VHDL 的变量是一个（　　），只能在进程、函数和过程中声明和使用。

2．单项选择

1）VHDL 的设计实体可以被高层次的系统（　　），成为系统的一部分。

A．输入　　B．输出　　C．仿真　　D．调用

2）VHDL 的实体声明部分用来指定设计单元的（　　）。

A．输入端口　　B．输出端口　　C．引脚　　D．以上均可

3）一个设计实体可以拥有一个或多个（　　）。

A．设计实体　　B．结构体　　C．输入　　D．输出

4）在 VHDL 的端口声明语句中，用（　　）声明端口为具有读功能的输出方向。

A．IN　　B．OUT　　C．INOUT　　D．BUFFER

5）在 VHDL 中，（　　）的数据传输不是立即发生的，目标信号的赋值需要一定的延时时间。

A．信号　　B．变量　　C．常量　　D．变量

6）在 VHDL 中，定义信号名时可以用（　　）符号为信号赋初值。

A．=:　　B．=　　C．: =　　D．<=

7）在 VHDL 中，目标变量的赋值符号是（　　）。

A．=:　　B．=　　C．: =　　D．<=

8）在 VHDL 的 IEEE 标准库中，预定义的标准逻辑位数据 STD_LOGIC 有（　　）种逻辑值。

A．4　　B．7　　C．8　　D．9

9）在 VHDL 的并行语句之间，可以用（　　）来传递信息。

A．变量　　B．信号　　C．常量　　D．变量或信号

10）VHDL 的块语句是并行语句结构，其内部是由（　　）语句构成。

A．顺序　　B．并行　　C．顺序或并行　　D．任何

3．怎样使用库及库内的程序包？列举出 3 种常用的程序包。

4．BIT 类型数据与 STD_LOGIC 类型数据有什么区别？

5．信号与变量使用时有何区别？BUFFER 与 INOUT 有何异同？

6．为什么实体中定义的整数类型通常要加上一个范围限制？

7．什么是编码器？什么是译码器？

8．分析下面 VHDL 源程序，说明电路的功能。

```
LIBRARY IEEE;
 USE IEEE.STD_LOGIC_1164.ALL;
 USE IEEE.STD_LOGIC_UNSIGNED.ALL;
ENTITY choose IS
 PORT(   s2,s1,s0 : IN STD_LOGIC;
       d3,d2,d1,d0 : IN STD_LOGIC;
       d7,d6,d5,d4 : IN STD_LOGIC;
                   Y : OUT STD_ULOGIC);
END choose;
ARCHITECTURE a OF choose IS
 SIGNAL S : STD_LOGIC_VECTOR(2 DOWNTO 0);
BEGIN
 s<=s2 & s1 & s0;
 y<=d0   WHEN s="000" ELSE
     d1   WHEN s="001" ELSE
     d2   WHEN s="010" ELSE
     d3   WHEN s="011" ELSE
     d4   WHEN s="100" ELSE
     d5   WHEN s="101" ELSE
     d6   WHEN s="110" ELSE
     d7;
END a;
```

9．已知逻辑表达式为 f=a+bc，试用并行运算语句编写 VHDL 源程序，并进行时序仿真验证。

10．设计一个四位二进制全加器。

第 4 章　计数器和寄存器的设计

本章要点

- VHDL 程序的开发流程
- VHDL 语言的顺序语句
- VHDL 程序设计

4.1　开发流程和特点

VHDL 是一种快速的电路设计工具，其功能涵盖了电路描述、电路合成和电路仿真等设计工作。VHDL 具有极强的描述能力，能支持系统行为级、寄存器传输级和逻辑门电路级 3 个不同层次的设计，能够完成从上层到下层（从抽象到具体）逐层描述的结构化设计。

4.1.1　开发流程

VHDL 作为一种标准化的硬件描述语言，在对硬件电路进行描述的过程中应该遵循一定的流程。采用 VHDL 进行硬件电路开发主要包括以下几步。

1．系统分析

在进行硬件电路系统设计之前，首先要由总体方案设计工程师作出总体设计方案；然后给出相应的硬件电路系统设计指标；最后将总体方案中的各个部分电路设计任务以及相应的设计下达给相应的设计部门。

2．确定电路具体功能

通常情况下，总体方案中关于电路的设计任务以及设计要求相对来说比较抽象。接受相应的电路设计任务后，设计人员首先要对电路的设计任务和设计要求进行具体分析，目的是确定设计电路所要实现的具体功能。

3．划分模块编写程序

一般来说，划分模块是设计过程中一个非常重要的步骤。模块划分的好坏将会影响到最终的电路设计，因此设计人员在这一步应该花费一定的时间，从而保证模块划分的最优化。准确地划分完功能模块并确定相应的逻辑功能后，设计人员就可以编写各个模块的 VHDL 程序，然后将各个模块的 VHDL 程序组合在一起，从而完成整个电路设计的 VHDL 描述。

4．VHDL 程序模拟

采用 VHDL 进行硬件电路设计的过程中，综合、优化和布线往往需要花费大量的时间。一旦综合优化和布局布线中发现错误，设计人员就需要修改 VHDL 程序，然后再次综合、优化和布局布线。如此反复修改操作，需要花费大量的时间。因此在设计过程中，人员往往先采用模拟器（或称为仿真器）对 VHDL 程序进行模拟（或称为仿真）。这样做的目的是可以在设计的早期发现电路设计上的错误，从而节省电路设计的时间，缩短开发周期。

5. 综合优化和布局布线

综合的作用是将电路设计的 VHDL 描述转化成底层电路表示；优化的作用是将电路设计的延时缩到最小和有效利用资源。几乎所有的高级 VHDL 综合工具都可以利用约束条件对电路设计进行优化，一般情况下，常用的约束条件主要包括时间约束和面积约束；布局布线的作用是将通过综合和优化所得到的逻辑，安放到一个逻辑器件之中的过程。一个较好的布线过程就是将电路的相关部件连接起来，并消除布线延迟。

6. 布局布线后的程序模拟

布局布线后的程序模拟与前面的 VHDL 程序模拟不同，后者只是对设计的逻辑功能进行模拟，而前者不仅可以对设计的逻辑功能进行模拟，而且还可以对设计的时序进行验证。通常，时序对于电路的设计来说是十分重要的，如果时序不能得到满足，那么就需要对先前的电路设计进行修改。

7. 生成器件编程文件

生成器件编程文件的作用是将 VHDL 描述经过模拟、综合、优化和布局布线的结果，经过一定的映射转化成一个器件编程所用的数据文件格式。

8. 进行器件编程

器件编程就是指将前一步骤中生成的编程数据文件下载到指定的可编程逻辑器件中去。器件编程通常采用下载电缆通过 JTAG 端口进行数据下载。

4.1.2 VHDL 的特点

VHDL 采用基于库的设计方法。这样在设计一个大规模集成电路的过程中，技术人员就不需要从门级电路开始一步步地进行设计，可以用原来设计好的模块直接进行累加，这些模块可以预先设计或者使用以前设计中的存档模块，这些模块存放在库中，就可以在以后的设计中进行复用。不难看出，复用减小了硬件电路设计的工作量，缩短了开发周期。VHDL 具备以下特点。

1. VHDL 语法规范标准

VHDL 语法规范、标准，可读性强。用 VHDL 书写的源文件既是程序，又是文档；既是技术工程人员进行设计成果交流的文件，也可作为合同签约者之间的合同文本。由于 VHDL 是一种 IEEE 工业标准硬件描述语言，具有严格的语法规范和统一的标准，因此可以使设计成果和设计人员之间进行交流和共享。反过来，就可以进一步推动 VHDL 的发展和完善。

2. 与工艺无关

当设计人员用 VHDL 进行硬件电路设计时，并没有涉及与工艺有关的信息。当一个设计描述用 VHDL 模拟器和 VHDL 综合器进行完编译、模拟和综合后，就可以采用不同的映射工具将设计映射到不同的工艺上去。映射不同的工艺，只需要改变相应的映射工具，而无须修改设计描述。

3. 易于 ASIC 移植

当产品的数量达到相当的规模时，采用 VHDL 开发的数字系统能够很容易地转成 ASIC 的设计。有时用于 PLD 的程序可以直接用于 ASIC，并且由于 VHDL 是一种 IEEE 的工业标准硬件描述语言，所以用 VHDL 设计可以确保 ASIC 厂商生产高质量的器件产品。

4．上市时间短

VHDL 和可编程逻辑器件很好地结合，可以大大提高数字产品单片化设计的实现速度。VHDL 使设计描述更加方便、快捷，可编程逻辑应用可以将产品设计的前期风险降至最低，并使设计的快速复制简单易行，同时多种综合工具都支持这种形式的设计。

VHDL 作为 IEEE 的工业标准具有许多其他硬件描述语言所不具有的优点，但也存在着一些缺点。

1）不具有描述模拟电路的能力。VHDL 不具有模拟电路的能力，虽然研究结果可以证明 VHDL 可以扩展到电路级上，但在电路级上 VHDL 并不是一种理想的语言。目前 IEEE 的 1076.1 小组正在设计一种新的语言，这种语言能够描述模拟电路和数模混合电路。这个新语言将以 VHDL 为基础，并在此基础上增加描述模拟电路的扩展内容。

2）综合工具生成的逻辑实现有时并不最佳。技术设计人员采用综合工具所生成的逻辑实现有时候并不能让人满意，因为优化的结果往往依赖于设计的目标。现在所有的综合工具采用一定的算法来对设计的实现进行控制，但是固定的算法并不能发现设计中的所有问题，这样就有可能导致综合工具生成的逻辑实现与技术人员希望的逻辑实现有一定的差距。

3）EDA 工具的不同导致综合质量的不同。不同的 EDA 工具对同一 VHDL 描述进行综合，往往产生不同的综合质量，这是因为不同的 EDA 工具采用不同的算法所致。因此设计人员在设计的时候往往需要对不同 EDA 工具的综合质量进行比较，才能够选择出最佳的综合结果，这往往需要花费很长的时间。

4.2 VHDL 的顺序语句

顺序语句是严格按照书写的先后顺序执行的，用来实现模型的算法部分。虽然 VHDL 大部分语句是并行语句，但在进程、过程、块和子程序（包括函数）等基本单元中，却是由顺序语句构成，顺序语句与传统的软件设计语言非常相似。在实际编程时，应将并行语句和顺序语句灵活运用才符合 VHDL 的设计要求和硬件特点。常用的顺序语句有 IF 语句、CASE 语句、子程序和 LOOP 语句等。

4.2.1 IF 语句

IF 语句是根据所指定的一种或多种条件来决定执行哪些语句的一种重要顺序语句，因此也可以说成是一种控制转向语句。一般有 3 种格式。

1）跳转控制。格式如下。

```
IF  条件  THEN
      顺序语句;
END  IF;
```

当程序执行到 IF 语句时，先判断 IF 语句指定的条件是否成立。如果成立，IF 语句所包含的顺序处理语句将被执行；如果条件不成立，程序跳过 IF 语句包含的顺序语句，而执行 END IF 语句后面的语句，这里的条件起到决定是否跳转的作用。

【例 4-1】 用 IF 语句描述一个上升沿触发的基本 D 触发器。

```
LIBRARY IEEE;
  USE IEEE.STD_LOGIC_1164.ALL;
ENTITY dffc IS
   PORT（clk， d：IN      STD_LOGIC;
              qout：OUT   STD_LOGIC）;
END dffc;
ARCHITECTURE one OF dffc IS
  BEGIN
   PROCESS（CLK）
     BEGIN
      IF（CLK'EVENT AND CLK='1'）THEN       --判断时钟脉冲上升沿
      qout < = d;
    END IF;
   END PROCESS;
END one;
```

这个程序用于描述时钟信号边沿触发的时序逻辑电路。进程中的 CLK 是敏感信号，变化时进程就要执行一次。表达式 CLK'EVENT AND CLK='1'用来判断 CLK 的上升沿，若是上升沿则执行 qout < = d，否则 qout 保持不变。EVENT 是信号的属性函数，可用来描述信号的变化；RISING_EDGE（CLK）用来判断 CLK 的上升沿；FALLING_EDGE（CLK）用来判断 CLK 的下降沿。

2）二选一控制。格式如下：

```
IF  条件  THEN
    顺序语句;
ELSE
    顺序语句;
END  IF;
```

根据 IF 所指定的条件是否成立，程序可以选择两种不同的执行路径，当条件成立时，程序执行 THEN 和 ELSE 之间的顺序语句部分，再执行 END IF 之后的语句；当 IF 语句的条件不成立时，程序执行 ELSE 和 END IF 之间的顺序语句，再执行 END IF 之后的语句。

【例 4-2】 用 IF 语句描述一个“二选一”电路。设 a 和 b 为选择电路的输入信号，sel 为选择控制信号，output 为输出信号。

```
ENTITY selection2 IS
  PORT（a，b， sel：IN      BIT;
              output：OUT   BIT）;
END selection2;
ARCHITECTURE data OF selection2 IS
 BEGIN
  PROCESS（a，b，sel）
    BEGIN
     IF（sel ='1'）THEN                       -- 控制信号 sel 为 1 则输出 a
       output< = a;
     ELSE
```

```
        output<= b;
      END IF;
    END PROCESS;
END data;
```

3）多选择控制语句。格式如下：

```
IF 条件 1   THEN   顺序语句 1;
   ELSIF   条件 2   THEN   顺序语句 2;
      ……
   ELSIF   条件 n   THEN   顺序语句 n;
    ELSE   顺序语句 n+1;
END IF;
```

多选择控制的 IF 语句，可允许在一个语句中出现多重条件，实际上是条件的嵌套。当满足所给定的多个条件之一时，就执行该条件后的顺序语句；当所有的条件都不满足时，则执行 ELSE 和 END IF 之间的语句。

☞**注意：**

每个 IF 语句必须有一个对应的 END IF 语句。

【例 4-3】 用 IF 语句描述一个“四选一”电路，设输入信号为 a0～a3，sel 为选择信号，y 为输出信号。

```
LIBRARY IEEE;
  USE IEEE.STD_LOGIC_1164.ALL;
ENTITY selection4 IS
  PORT（a ：IN   STD_LOGIC_VECTOR（3 DOWNTO 0）；
        sel ：IN   STD_LOGIC_VECTOR（1 DOWNTO 0）；
          y：OUT STD_LOGIC）；
END selection4;
ARCHITECTURE one OF selection4 IS
  BEGIN
    PROCESS（a，sel）      --进程中任何一个信号出现变化，将导致进程执行一次
     BEGIN
      IF（sel ="00"）THEN
        y<=a（0）；
     ELSIF（sel ="01"）THEN
        y<=a（1）；
     ELSIF（sel ="10"）THEN
        y<=a（2）；
      ELSE
        y<=a（3）；
    END IF;
   END PROCESS;
END one;
```

IF 语句不仅可用于选择器设计，还可用于比较器、译码器等条件控制的电路设计中。IF

语句中至少要有一个条件句，其条件表达式必须使用关系运算符（=、/=、<、>、<=和>=）及逻辑运算表达式，表达式输出的结果是布尔量，即 TURE 或 FALSE。

4.2.2 CASE 语句

CASE 语句和 IF 语句的功能有些类似，是一种多分支开关语句，可根据满足的条件直接选择多个顺序语句中的一个执行。CASE 语句可读性好，很容易找出条件和动作的对应关系，经常用来描述总线、编码和译码等行为。CASE 语句的格式如下：

```
CASE  表达式  IS
    WHEN   条件选择值 1=> 顺序语句 1;
    WHEN   条件选择值 2=> 顺序语句 2;
    WHEN   条件选择值 3=> 顺序语句 3;
                ……
    WHEN   OTHERS => 顺序语句 n;
END  CASE;
```

其中 WHEN 的条件选择值有以下几种形式

1）单个数值，如 WHEN 3。

2）并列数值，如 WHEN 1 | 2，表示取值 1 或者 2。

3）数值选择范围，如 WHEN（1 TO 3），表示取值为 1、2 或者 3。

4）其他取值情况，如 WHEN OTHERS，常出现在 END CASE 之前，代表已给出的各条件选择值中未能列出的其他可能取值。

执行 CASE 语句时，先计算 CASE 和 IS 之间表达式的值，当表达式的值与某一个条件选择值相同（或在其范围内）时，程序将执行对应的顺序语句。

☞注意：

语句中的=>不是运算符，只相当于 THEN 的作用。

【例 4-4】 用 CASE 语句描述一个 3-8 线译码器，设 d0～d2 为译码器的输入信号，g1、g2 和 g3 为允许信号，当 g1=1、g2=0 和 g3=0 时，允许译码，y 为输出信号。

```
LIBRARY IEEE;
  USE IEEE.STD_LOGIC_1164.ALL;
ENTITY decode38 IS
  PORT（g1，g2，g3：IN     STD_LOGIC;
                  d：IN     STD_LOGIC_VECTOR（2 DOWNTO 0）;
                  y：OUT   STD_LOGIC_VECTOR（7 DOWNTO 0））;
END decode38;
ARCHITECTURE  a   OF decode38 IS
  BEGIN
   PROCESS（d，g1，g2，g3）
     BEGIN
      IF（g1='1' AND g2='0' AND g3 ='0' ）THEN
        CASE d IS
          WHEN "000" => y < ="11111110";
```

```
        WHEN "001" => y <="11111101";
        WHEN "010" => y <="11111011";
        WHEN "011" => y <="11110111";
        WHEN "100" => y <="11101111";
        WHEN "101" => y <="11011111";
        WHEN "110" => y <="10111111";
        WHEN "111" => y <="01111111";
        WHEN OTHERS => y <="11111111";        --其他情况输出全 1
      END CASE;
    ELSE
      y <="11111111";
    END IF;
  END PROCESS;
END a;
```

CASE 语句只能在进程中使用，其中表达式的值一定在条件选择值范围内。CASE 语句执行中必须能够选中且只能选中所列条件语句中的一条。而 IF 语句是先处理开始的条件，如果不满足再处理下一个条件。

4.2.3 子程序

子程序是由一组顺序语句组成的，可以在程序包、结构体和进程中定义，只有定义后才能被主程序调用，子程序将处理结果返回给主程序，主程序和子程序之间通过端口参数关联进行数据传送，其含义与其他高级语言相同。每次调用时，都要先对子程序进行初始化，一次执行结束后再次调用需再次初始化，因此子程序内部定义的变量都是局部量。虽然子程序可以被多次调用完成重复性的任务，但从硬件角度看，VHDL 的综合工具对每次调用的子程序都要生成一个电路逻辑模块，因此设计者在频繁调用子程序时需要考虑硬件的承受能力。VHDL 中的子程序有两种类型：过程和函数。过程和函数的区别主要是返回值和参数不同，过程调用可以通过其接口返回多个值，函数只能返回单个值；过程可以有输入参数、输出参数和双向参数，函数的所有参数都是输入参数。

1．过程（PROCEDURE）

过程的定义语句由两部分组成，即过程首和过程体。过程定义的格式为：

```
PROCEDURE 过程名  参数列表                --过程首
PROCEDURE 过程名  参数列表  IS            --过程体
    说明部分;
BEGIN
    顺序语句;
END  过程名;
```

在进程或结构体中，过程首可以省略，过程体放在结构体的说明部分；在程序包中必须定义过程首，把过程首放在程序包的包头部分，而过程体放在包体部分。在过程参数列表中可以对常量、变量和信号 3 类数据对象作出说明，这些对象可以是输入参数、输出参数，也可以是双向参数，用 IN、OUT、INOUT 和 BUFFER 定义这些参数的端口模式。

调用过程语句的格式为：

过程名　参数列表；

【例 4-5】 用一个过程语句来实现 3 个四位二进制数据求和的运算程序。

```
LIBRARY IEEE；
  USE IEEE.STD_LOGIC_1164.ALL；
  USE IEEE.STD_LOGIC_ARITH.ALL；
  USE IEEE.STD_LOGIC_UNSIGNED.ALL；
ENTITY   psum   IS
  PORT（ a，b，c ： IN    STD_LOGIC_VECTOR（3 DOWNTO 0）；
              clk，clr ： IN     STD_LOGIC；     --clr 为复位端，高电平有效
                    d ： OUT    STD_LOGIC_VECTOR（3 DOWNTO 0））；
END   psum；
ARCHITECTURE   a   OF psum   IS
PROCEDURE add1（data，datb，datc：IN   STD_LOGIC_VECTOR；    --定义过程体
                          datout：OUT STD_LOGIC_VECTOR）IS
  BEGIN
   datout：= data+datb+datc；                --数据求和
END add1；                                   --过程体定义结束。在结构体中省略了过程首
  BEGIN                                       --结构体开始
    PROCESS（clk）
     VARIABLE tmp：STD_LOGIC_VECTOR（3 DOWNTO 0）；
       BEGIN                                    --进程开始
       IF（clk'EVENT AND clk='1'）THEN
        IF（clr ='1'）THEN                      --高电平复位
         tmp：– "0000" ；
        ELSE
         add1（a，b，c，tmp）；                  --过程调用
        END IF；
       END IF；
     d <= tmp；
  END PROCESS；
END a；
```

2．函数（FUNCTION）

函数语句分为两个部分：函数首和函数体。在进程和结构体中，函数首可以省略，而在程序包中，必须定义函数首，放在程序包的包首部分，而函数体放在包体部分。格式如下：

```
FUNCTION 函数名（参数列表）                  --函数首
  RETURN   数据类型名；
FUNCTION 函数名（参数列表）                  --函数体
  RETURN 数据类型名 IS
    说明部分；
  BEGIN
    顺序语句；
    RETURN   返回变量；
```

```
END 函数名;
```

函数语句中参数列表列出的参数都是输入参数，可以对常量、变量和信号 3 类数据对象作出说明，默认的端口模式是 IN。在函数语句中，如果参数没有特别指定，就看作常数处理。调用函数语句返回的数据及其数据类型是由返回变量和返回变量的数据类型决定的。

调用函数语句的格式为：

```
信号名 <= 函数名（参数列表）;
```

【例 4-6】 编写一个能在两个四位二进制数中找出最大值的函数，并将这段函数放在一个程序包（PACKAGE）中，然后在主程序中调用该函数，输出最大值。

1）在名称为 blockA 的程序包中定义函数名称为 maxA 的函数，程序包文件名为 blockA.vhd，编辑完成后，直接保存在当前路径下，供程序调用。

```
LIBRARY IEEE;
  USE IEEE.STD_LOGIC_1164.ALL;
PACKAGE blockA IS                          --定义程序包的包头，blockA 是程序包名
FUNCTION maxA（a：STD_LOGIC_VECTOR;          --定义函数首，函数名是 maxA
               b：STD_LOGIC_VECTOR）
          RETURN STD_LOGIC_VECTOR;          --定义函数返回值的类型
END blockA;
PACKAGE BODY   blockA IS                     --定义程序包体
   FUNCTION maxA（a：STD_LOGIC_VECTOR;        --定义函数体
                  b：STD_LOGIC_VECTOR）
          RETURN   STD_LOGIC_VECTOR   IS
   VARIABLE   tmp ：  STD_LOGIC_VECTOR（3 DOWNTO 0）;
    BEGIN
      IF（a＞b）THEN
       tmp：= a;
      ELSE
       tmp：= b;
      END IF;
    RETURN tmp;                               --tmp 是函数返回变量
  END maxA;                                   --函数体结束
END blockA;
```

2）调用函数 maxA 的程序，文件名是 smax.vhd。

```
LIBRARY IEEE;
  USE IEEE.STD_LOGIC_1164.ALL;
LIBRARY   WORK;                        --若处于当前工作库，可以不调用 WORK 库
  USE WORK. blockA.ALL;                --调用块 blockA
ENTITY smax IS
PORT（dc，da，db：  IN   STD_LOGIC_VECTOR（3 DOWNTO 0）;
         clk，clr：  IN   STD_LOGIC;
               d ： OUT   STD_ LOGIC_VECTOR（3 DOWNTO 0））;
END smax;
```

```
ARCHITECTURE a OF smax IS
  BEGIN
   PROCESS（clk）
     BEGIN
      IF（clk'EVENT AND clk='1'）THEN
       IF（clr ='1'）THEN
        d <= dc;                              --复位有效，dc 的数值放入信号 d 中
       ELSE
        d <= maxA（da，db）;                   --调用函数，最大值放入信号 d 中
       END IF;
      END IF;
  END PROCESS;
END a;
```

4.2.4 LOOP 语句

设计人员在工作过程中，常常会遇到某些操作重复进行或操作要重复进行到某个条件满足为止的问题，如果采用一般的 VHDL 描述语句，往往需要进行大量程序段的重复书写，这样将会浪费时间。为了解决这个问题，同其他高级语言一样，VHDL 也提供了可以实现迭代控制的循环语句，即 LOOP 语句。LOOP 语句可以使程序有规则地循环执行，循环次数取决于循环参数的取值范围。常用的循环语句有 FOR 和 WHILE 两种。

1. FOR 循环

FOR 循环是一种已知循环次数的语句，其格式如下：

```
[循环标号]：FOR 循环变量 IN 循环次数范围 LOOP
              顺序语句;
           END LOOP [循环标号];
```

其中，循环标号是用来表示 FOR 循环语句的标识符，是可选项。循环次数范围表示循环变量的取值范围，且在每次循环中，循环变量的值都要发生变化。例如：

```
ASUM：FOR i IN 1 TO 9 LOOP                 -- ASUM 为循环标号
    sum = 1+sum;
    END LOOP   ASUM;
```

i 是一个临时循环变量，属于 FOR 语句的局部变量，不必事先定义，由 FOR 语句自动定义，在 FOR 语句中不应再使用其他与此变量同名的标识符。*i* 从循环范围的初值开始，每循环一次就自动加 1，直到超出循环范围的终值为止。

【例 4-7】 用 FOR 循环语句描述一个八位奇校验电路，电路输入信号为 a，输出信号为 y。奇偶校验是一种检查所传输信息错误的简单方法，如采用奇校验传送 7 位二进制信息，则在 7 个信息位后加一个奇校验位，如果前 7 位中 1 的个数是奇数，则第 8 位加 0；如果前 7 位中 1 的个数是偶数，则第 8 位加 1，这样使整个字符代码（共 8 位）1 的个数恒为奇数。接收端如检测到某字符代码中 1 的个数不是奇数，即可判定为错码而不予接收，通知发送端重发。同理也可采用偶校验。奇校验程序如下：

```
LIBRARY IEEE;
  USE IEEE.STD_LOGIC_1164.ALL;
ENTITY pc IS
  PORT（a ：IN    STD_LOGIC_VECTOR（7 DOWNTO 0）；
          y：OUT   STD_LOGIC）；
END pc;
ARCHITECTURE odd OF pc IS
  BEGIN
   cbc：PROCESS（a）
    VARIABLE tmp：STD_LOGIC；          --tmp为局部变量，只能在进程中定义
     BEGIN
       tmp：='0';
       FOR i IN 0 TO 7 LOOP             --循环变量i由循环语句自动定义
        tmp：= tmp XOR a（i）；
       END LOOP;                        --默认了循环标号
   y <= tmp;
  END PROCESS cbc;
END odd;
```

2．WHILE 循环

WHILE 循环是一种未知循环次数的语句，循环次数取决于条件表达式是否成立。其格式如下：

```
[循环标号]：WHILE 条件表达式 LOOP
                顺序语句;
           END LOOP [循环标号];
```

循环标号是用来表示 WHILE 循环语句的标识符，是可选项。在循环语句中，没有给出循环次数的范围，而是给出了循环语句的条件。WHILE 后边的条件表达式是一个布尔表达式，如果条件为 TURE，则进行循环，如果条件为 FALSE，则结束循环。

如果采用 WHILE 循环语句描述【例 4-7】的八位奇校验电路，只要将结构体程序改写即可：

```
ARCHITECTURE a OF pc IS
  BEGIN
  cbc：PROCESS（a）
    VARIABLE  tmp：STD_LOGIC；     --tmp为局部变量，只能在进程中定义
    VARIABLE       i： INTEGER;    --定义循环变量i，WHILE语句不能自定义
    BEGIN
      tmp ：='0';
      i：=0;                          --给循环变量i赋初值
      WHILE (i<8) LOOP
        tmp ：= tmp XOR a（i）；
        i：=i+1；
      END LOOP；
   y <= tmp；
```

```
    END PROCESS cbc;
  END a;
```

☞注意：

并非所有的EDA综合器都支持WHILE语句。

4.3 计数器的设计

计数器的逻辑功能就是记忆时钟脉冲的个数，是数字系统中常用的一种具有记忆功能的电路，可用来实现系统中的计数、分频和定时等功能。

4.3.1 基本二进制递增计数器

1．题目要求

利用 QuartusⅡ软件的文本输入方式，设计一个八位基本二进制递增计数器，完成编译和波形仿真后，下载到实验平台验证电路功能。

2．电路设计

八位基本二进制递增计数器没有控制端，系统通电就开始计数，只能实现单一递增计数的功能。设CLK为时钟输入端、Q为计数输出端。

3．建立项目

1）在计算机的E盘，建立文件夹E:\EXAM431作为项目文件夹，项目名为BCOUNT、顶层设计文件名也为BCOUNT。

2）启动 QuartusⅡ，在添加文件对话框的 File name 中输入 BCOUNT.vhd，然后单击“Add”按钮，添加该文件。

3）设置完成后，单击“Finish”按钮，关闭新项目建立向导。

☞注意：

软件的标题栏必须变为E:/EXAM431/BCOUNT-BCOUNT。

4．编辑与编译

1）编辑。单击“File”→“New”对话框，在Design Files下选中“VHDL File”选项，单击“OK”按钮。在文本编辑区输入以下程序：

```
LIBRARY IEEE;
  USE IEEE.STD_LOGIC_1164.ALL;
  USE IEEE.STD_LOGIC_UNSIGNED.ALL;
ENTITY BCOUNT IS
  PORT (   CLK: IN STD_LOGIC;
           Q: BUFFER STD_LOGIC_VECTOR (7 DOWNTO 0));
END BCOUNT;
ARCHITECTURE a OF BCOUNT IS
  BEGIN
    Process (CLK)
```

```
    VARIABLE   QTEMP : STD_LOGIC_VECTOR(7 DOWNTO 0);
    BEGIN
      IF CLK'EVENT AND CLK='1' THEN
          QTEMP:=QTEMP+1;
      END IF;
      Q<=QTEMP;
  END PROCESS;
END a;
```

2）输入完成后，单击“File”→“Save As”选项，将文件保存在已建立的文件夹E:\EXAM431下，文件名为BCOUNT，文件保存类型选择为VHDL File。

3）单击“Processing”→“Start Compilation”选项，启动全程编译。如果设计中存在错误，可以根据 Massage-Compiler 窗口所提供的信息进行修改，重新编译，直到没有错误为止。如果出现 1 个警告信息：Warning: Found pins functioning as undefined clocks and/or memory enables，可以不予处理。

5．波形仿真

1）建立波形输入文件，设定仿真时间和周期后，将波形文件以 BCOUNT 为名，存入文件夹 E:\ EXAM431 文件夹下。

2）加入元件引脚，调整波形坐标间距后编辑波形，将输出信号 Q 设置成十六进制。

3）单击“Processing”→“Start Simulation”选项，启动仿真器。使用调整焦距工具调整波形坐标间距，基本二进制递增计数器仿真波形如图 4-1 所示。

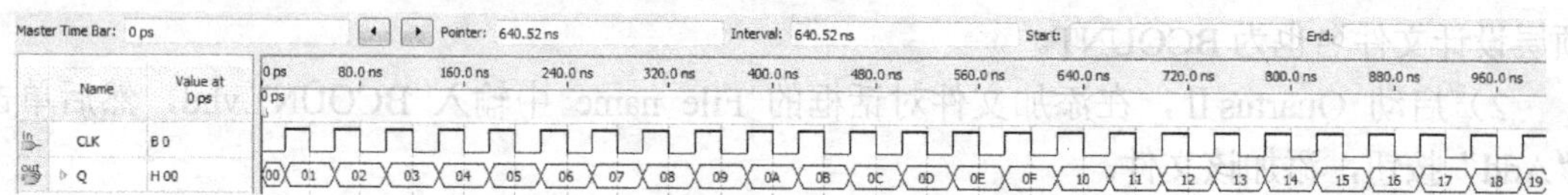

图 4-1　基本二进制递增计数器仿真波形

6．编程

1）根据使用实验箱的具体情况锁定引脚，再次编译。

2）编译成功后，使用电缆将计算机和实验箱连接，接通实验箱电源。

3）单击“Tools”→“Programmer”选项，在编程窗口中进行硬件配置。

4）在编程窗口中，单击选中 BCOUNT.sof 文件，单击“Start”按钮，完成对芯片编程。

7．电路测试

在实验箱主板上的“时钟频率选择”区，将时钟设置为 64Hz，VHDL 程序配置到芯片后，8 个 LED 信号灯的亮暗即发生变化，且变化规律按二进制递增的规律进行。当 8 个LED 灯全亮，计数计到 255，在下一个时钟脉冲上升沿到来时，8 个 LED 灯全暗，回到 0，重新开始下次计数。

4.3.2　同步清零可逆计数器

1．题目要求

利用 QuartusⅡ软件的文本输入方式，设计一个同步清零可逆计数器，完成编译和波形仿真后，下载到实验平台验证电路功能。

2．电路设计

时序逻辑电路的清零方式有同步和异步两种。同步清零是指清零信号有效时，还要等待时钟脉冲的有效沿到来，计数器才回到零状态。异步清零则不用等待时钟有效沿的到来，只要清零信号有效，计数器就会清零。可逆计数是在基本计数器上加一个控制端，用来控制是递增计数还是递减计数。同步清零可逆计数器能实现递增计数、递减计数和同步清零功能。设 CLK 为时钟输入端、D 为计数方式控制端（高电平为递增计数、低电平为递减计数）、CLR 为清零控制端和 Q 为计数输出端。

3．建立项目

1）在计算机的 E 盘，建立文件夹 E:\EXAM432 作为项目文件夹，项目名为 SCOUNT、顶层设计文件名也为 SCOUNT。

2）启动 QuartusⅡ，在添加文件对话框的 File name 中输入 SCOUNT.vhd，然后单击“Add”按钮，添加该文件。

3）设置完成后，单击“Finish”按钮，关闭新项目建立向导。

☞注意：

软件的标题栏必须变为 E:/EXAM432/SCOUNT-SCOUNT。

4．编辑与编译

1）编辑。单击“File”→“New”对话框，在 Design Files 下选中 VHDL File 选项，单击“OK”按钮。在文本编辑区输入以下程序：

```
LIBRARY IEEE;
  USE IEEE.STD_LOGIC_1164.ALL;
  USE IEEE.STD_LOGIC_UNSIGNED.ALL;
ENTITY SCOUNT IS
  PORT ( CLK: IN STD_LOGIC;
         CLR: IN STD_LOGIC;
           D: IN STD_LOGIC;
           Q: BUFFER STD_LOGIC_VECTOR (7 DOWNTO 0));
END SCOUNT;
ARCHITECTURE a OF SCOUNT IS
  BEGIN
   Process(CLK)
    BEGIN
      IF CLK'EVENT AND CLK='1' THEN
        IF CLR='0' THEN
           Q<="00000000";
        ELSIF D='1' THEN
             Q<=Q+1;
          ELSE
             Q<=Q-1;
        END IF;
      END IF;
```

```
    END PROCESS;
END a;
```

2）输入完成后，单击“File”→“Save As”选项，将文件保存在已建立的文件夹E:\EXAM432下，文件名为SCOUNT，文件保存类型选择为VHDL File。

3）单击“Processing”→“Start Compilation”选项，启动全程编译。如果设计中存在错误，可以根据 Massage-Compiler 窗口所提供的信息进行修改，重新编译，直到没有错误为止。

5．波形仿真

1）建立波形输入文件，设定仿真时间和周期后，将波形文件以 SCOUNT 为名，存入文件夹 E:\ EXAM432 文件夹下。

2）加入元件引脚，调整波形坐标间距后编辑波形，将输出信号 Q 设置成十六进制。

3）单击“Processing”→“Start Simulation”选项，启动仿真器。使用调整焦距工具调整波形坐标间距，同步清零可逆计数器仿真波形如图 4-2 所示。

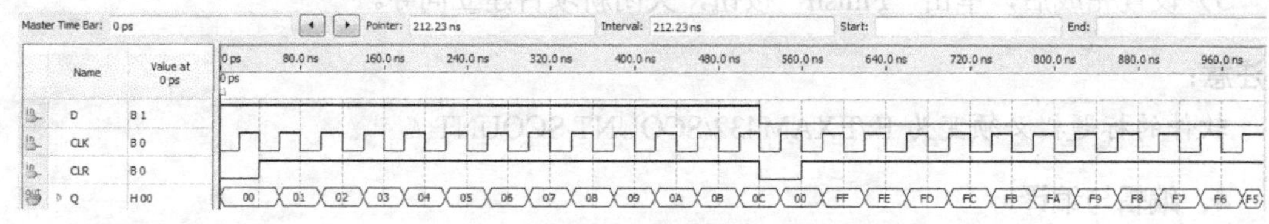

图 4-2　同步清零可逆计数器仿真波形

6．编程

1）根据使用实验箱的具体情况锁定引脚，再次编译。

2）编译成功后，使用电缆将计算机和实验箱连接，接通实验箱电源。

3）单击“Tools”→“Programmer”选项，在编程窗口中进行硬件配置。

4）在编程窗口中，单击选中 SCOUNT.sof 文件，单击“Start”按钮，完成对芯片编程。

7．电路测试

在主板上的“时钟频率选择”区，将时钟设置为 4Hz，将与清零信号 CLR 锁定的按键按下，使 CLR=1，再按下与信号 D 锁定的按键，使 D=1（递增计数），输出信号应该按照二进制递增的规律变化；保持 CLR=1 的状态不变，使 D=0（递减计数），输出信号按二进制递减规律变化；任何时刻使 CLR=0，为同步清零状态，在时钟脉冲信号灯闪过后输出为 0。

4.3.3　异步清零同步置数可逆计数器

1．题目要求

利用 QuartusⅡ软件的文本输入方式，设计一个四位异步清零、同步预置数和同步使能的可逆计数器，完成编译和波形仿真后，下载到实验平台验证电路功能。

2．电路设计

将同步清零可逆计数器变成异步清零，再增加一个同步置数端和同步使能端即可。设 reset 为异步清零端、ce 为计数使能端、load 同步置数端、dir 为计数方向端（1 表示递增计数、0 表示递减计数)、din 为置数数据输入端和 Q 为计数器输出端。

3. 建立项目

1）在计算机的 E 盘，建立文件夹 E:\EXAM433 作为项目文件夹，项目名为 SPCOUNT，顶层设计文件名也为 SPCOUNT。

2）启动 QuartusⅡ，在添加文件对话框的 File name 中输入 SPCOUNT.vhd，然后单击"Add"按钮，添加该文件。

3）设置完成后，单击"Finish"按钮，关闭新项目建立向导。

☞**注意:**

软件的标题栏必须变为 E:/EXAM433/SPCOUNT-SPCOUNT。

4. 编辑与编译

1）编辑。单击"File"→"New"对话框，在 Design Files 下选中 VHDL File 选项，单击"OK"按钮。在文本编辑区输入以下程序：

```
LIBRARY IEEE;
 USE IEEE.STD_LOGIC_1164.ALL;
 USE IEEE.STD_LOGIC_UNSIGNED.ALL;
 ENTITY SPCOUNT IS
 PORT(   clk : IN STD_LOGIC;
       reset : IN STD_LOGIC;
       ce, load, dir : IN STD_LOGIC;
       din : IN STD_LOGIC_VECTOR (3 DOWNTO 0);
          Q : BUFFER    STD_LOGIC_VECTOR (3 DOWNTO 0));
END SPCOUNT;
ARCHITECTURE A OF SPCOUNT IS
 BEGIN
  PROCESS(clk,reset)
    VARIABLE counter: STD_LOGIC_VECTOR (3 DOWNTO 0);
   BEGIN
    IF reset='0' THEN counter:="0000";          -- reset 低电平有效
     ELSIF clk'EVENT AND clk='1'THEN
      IF load='1'THEN
         counter:=din;
      ELSE
        IF ce='1' THEN
         IF dir='1' THEN
          IF counter="1111"    THEN
             counter:= "0000";
            ELSE
             counter:=counter+1;
          END IF;
         ELSE
          IF counter="0000" THEN
             counter:= "1111";
```

```
                ELSE
                    counter:=counter-1;
                END IF;
              END IF;
            END IF;
          END IF;
        END IF;
          Q<=counter;
      END PROCESS;
    END A;
```

2）输入完成后，单击“File”→“Save As”选项，将文件保存在已建立的文件夹E:\EXAM433下，文件名为SPCOUNT，文件保存类型选择为VHDL File。

3）单击“Processing”→“Start Compilation”选项，启动全程编译。如果设计中存在错误，可以根据 Massage-Compiler 窗口所提供的信息进行修改，重新编译，直到没有错误为止。

5．波形仿真

1）建立波形输入文件，设定仿真时间和周期后，将波形文件以 SPCOUNT 为名，存入文件夹 E:\ EXAM433 文件夹下。

2）加入元件引脚，调整波形坐标间距后编辑波形。在信号 din 上拖动鼠标，选中一段时间区域，单击右键，在弹出的下拉菜单中单击“Value”→“Arbitrary Value”，打开设置任意数值对话框。选择 Hexadecimal（十六进制）；在 Numeric or named value 输入框中输入十六进制数值。

3）单击“Processing”→“Start Simulation”选项，启动仿真器。使用调整焦距工具调整波形坐标间距，异步清零同步置数可逆计数器仿真波形如图4-3所示。

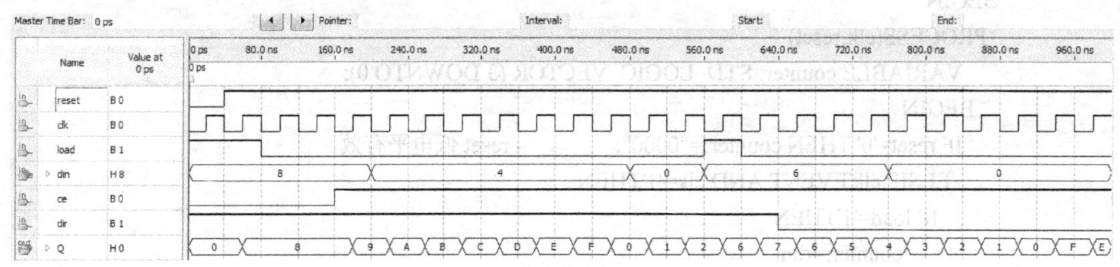

图4-3　异步清零同步置数可逆计数器仿真波形

6．编程

1）根据使用实验箱的具体情况锁定引脚，再次编译。

2）编译成功后，使用电缆将计算机和实验箱连接，接通实验箱电源。

3）单击“Tools”→“Programmer”选项，在编程窗口中进行硬件配置。

4）在编程窗口中，单击选中 SPCOUNT.sof 文件，单击“Start”按钮，完成对芯片编程。

7．电路测试

在主板上的“时钟频率选择”区，将时钟设置为 4Hz，操作四位异步清零同步置数可逆计数器如表 4-1 所示操作（×表示任意状态）。

表 4-1　操作四位异步清零同步置数可逆计数器

输　入					输　出
reset	Load	ce	dir	din	Q
0	×	×	×	×	0000（清零）
1	1	×	×	1000	1000（置数）
1	0	1	1	×	从 1000 开始递增计数
1	1	×	×	0101	0101（置数）
1	0	1	0	×	从 0101 开始递减计数

4.4　寄存器的设计

寄存器是具有存储二进制数据功能的数字部件。寄存器分为基本寄存器和移位寄存器两类，基本寄存器只具有寄存数据的功能；移位寄存器除了具有存储二进制数据的功能以外，还具有移位功能。移位功能就是指寄存器里面存储的代码能够在时钟脉冲的作用下依次左移或右移，可以实现数据的串/并转换和数值运算。

4.4.1　基本寄存器

1．题目要求

利用 Quartus II 软件的文本输入方式，设计一个具有三态输出的八位数码寄存器，完成编译和波形仿真后，下载到实验平台验证电路功能。

2．电路设计

设 d 为数据输入端、oe 为三态输出控制端（当 oe=1 时寄存器输出为高阻态；oe=0 时为正常输出状态）、q 为输出端。

3．建立项目

1）在计算机的 E 盘，建立文件夹 E:\EXAM441 作为项目文件夹，项目名为 regist，顶层设计文件名也为 regist。

2）启动 Quartus II，在添加文件对话框的 File name 中输入 regist.vhd，然后单击“Add”按钮，添加该文件。

3）设置完成后，单击“Finish”按钮，关闭新项目建立向导。

☞注意：

软件的标题栏必须变为 E:/EXAM441/ regist - regist。

4．编辑与编译

1）编辑。单击“File”→“New”对话框，在 Design Files 下选中“VHDL File”选项，单击“OK”按钮。在文本编辑区输入以下程序：

```
LIBRARY ieee;
```

```
USE ieee.std_logic_1164.ALL;
ENTITY regist IS
 PORT(clk,oe : IN std_logic;
        d : IN std_logic_VECTOR(7 DOWNTO 0);
        q : BUFFER std_logic_VECTOR(7 DOWNTO 0));
END regist;
ARCHITECTURE A OF regist IS
 SIGNAL qtemp : std_logic_VECTOR(7 DOWNTO 0);
BEGIN
 PROCESS(clk,oe)
  BEGIN
   IF oe='0' THEN
    IF clk'EVENT AND clk='1' THEN
        qtemp<=d;
    END IF;
   ELSE
    qtemp<="ZZZZZZZZ";
   END IF;
    q<=qtemp;
 END PROCESS;
END A;
```

2）输入完成后，单击“File”→“Save As”选项，将文件保存在已建立的文件夹E:\EXAM441下，文件名为regist，文件保存类型选择为VHDL File。

3）单击“Processing”→“Start Compilation”选项，启动全程编译。如果设计中存在错误，可以根据Massage-Compiler窗口所提供的信息进行修改，重新编译，直到没有错误为止。

5．波形仿真

1）建立波形输入文件，设定仿真时间和周期后，将波形文件以regist为名，存入文件夹E:\EXAM441文件夹下。

2）加入元件引脚，调整波形坐标间距后编辑波形。

3）单击“Processing”→“Start Simulation”选项，启动仿真器。使用调整焦距工具调整波形坐标间距，八位基本寄存器仿真波形如图4-4所示。

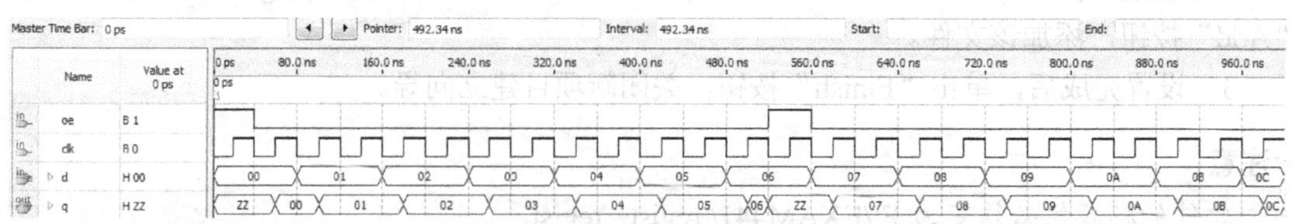

图4-4　八位基本寄存器仿真波形

6．编程

1）根据使用实验箱的具体情况锁定引脚，再次编译。

2）编译成功后，使用电缆将计算机和实验箱连接，接通实验箱电源。

3）单击“Tools”→“Programmer”选项，在编程窗口中进行硬件配置。

4）在编程窗口中，单击选中 regist.sof 文件，单击“Start”按钮，完成对芯片编程。

7．电路测试

在主板上的“时钟频率选择”区，将时钟设置为 8Hz，将与三态输出控制端信号 oe 锁定的按键按下，使 oe=0，再按下与信号 d 锁定的 8 个按键，输出信号应该与 d 相同；抬起与三态输出控制端信号 oe 锁定的按键，使 oe=1，输出为高阻状态，改变信号 d，输出仍为高阻状态。

4.4.2 循环移位寄存器

循环移位寄存器分为循环左移和循环右移两种，能够完成数码的逻辑运算。循环左移是数据由低位向高位移动，移出的高位又从低位端移入该寄存器，变成低位；循环右移是数据由高位向低位移动，移出的低位又从高位端移入该寄存器，变成高位。

1．题目要求

利用 QuartusⅡ软件的文本输入方式，设计一个五位循环左移寄存器，完成编译和波形仿真后，下载到实验平台验证电路功能。

2．电路设计

设时钟输入端为 CLK、并行数据输入端为 DATA、数据加载控制端为 LOAD、移位寄存器输出端为 DOUT。

3．建立项目

1）在计算机的 E 盘，建立文件夹 E:\EXAM442 作为项目文件夹，项目名为 SHIFTREG，顶层设计文件名也为 SHIFTREG。

2）启动 QuartusⅡ，在“添加文件”对话框的 File name 中输入 SHIFTREG.vhd，然后单击“Add”按钮，添加该文件。

3）设置完成后，单击“Finish”按钮，关闭新项目建立向导。

☞**注意：**

软件的标题栏必须变为 E:/EXAM442/SHIFTREG-SHIFTREG。

4．编辑与编译

1）编辑。单击“File”→“New”对话框，在 Design Files 下选中“VHDL File”选项，单击“OK”按钮。在文本编辑区输入以下程序：

```
LIBRARY IEEE;
  USE IEEE.STD_LOGIC_1164.ALL;
  USE IEEE.STD_LOGIC_UNSIGNED.ALL;
ENTITY SHIFTREG IS
  PORT ( CLK,LOAD : IN STD_LOGIC;
            DATA : IN STD_LOGIC_VECTOR(4 DOWNTO 0);
            DOUT : BUFFER STD_LOGIC_VECTOR(4 DOWNTO 0));
  END SHIFTREG;
ARCHITECTURE a OF SHIFTREG IS
  BEGIN
```

```
Process(CLK)
    BEGIN
      IF CLK'EVENT AND CLK='1' THEN
        IF LOAD='1' THEN DOUT<=DATA;
        ELSE
          DOUT(4 DOWNTO 1)<=DOUT(3 DOWNTO 0);
          DOUT(0)<=DOUT(4);
        END IF;
      END IF;
    END PROCESS;
END a;
```

2）输入完成后，单击“File”→“Save As”选项，将文件保存在已建立的文件夹E:\EXAM442下，文件名为SHIFTREG，文件保存类型选择为VHDL File。

3）单击“Processing”→“Start Compilation”选项，启动全程编译。如果设计中存在错误，可以根据Massage-Compiler窗口所提供的信息进行修改，重新编译，直到没有错误为止。

5. 波形仿真

1）建立波形输入文件，设定仿真时间和周期后，将波形文件以SHIFTREG为名，存入文件夹E:\ EXAM442文件夹下。

2）加入元件引脚，调整波形坐标间距后编辑波形。

3）单击“Processing”→“Start Simulation”选项，启动仿真器。使用调整焦距工具调整波形坐标间距，五位循环左移寄存器仿真波形如图4-5所示。

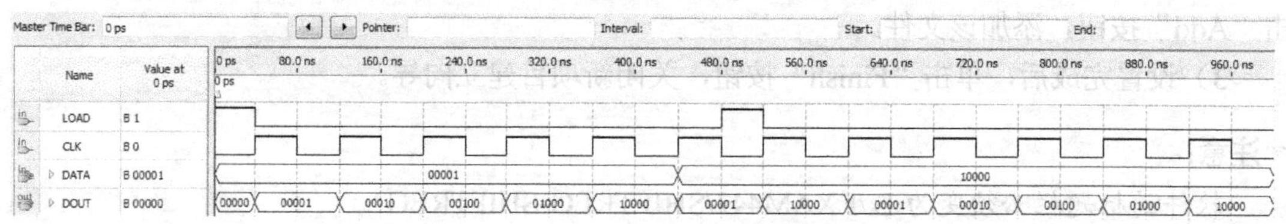

图4-5　五位循环左移寄存器仿真波形

6. 编程

1）根据使用实验箱的具体情况锁定引脚，再次编译。

2）编译成功后，使用电缆将计算机和实验箱连接，接通实验箱电源。

3）单击“Tools”→“Programmer”选项，在编程窗口中进行硬件配置。

4）在编程窗口中，单击选中SHIFTREG.sof文件，单击“Start”按钮，完成对芯片编程。

7. 电路测试

在主板上的“时钟频率选择”区，将时钟设置为8Hz，按下与信号LOAD锁定的按键，输出信号DOUT应该与信号DATA状态相同，改变DATA的状态输出也同样改变；抬起与信号LOAD锁定的按键，输出信号DOUT开始循环左移。

4.4.3 双向移位寄存器

双向移位寄存器可以在工作模式控制端的控制下，能够通过预置数据输入端输入并行数据，还能通过移位数据输入端输入串行数据，数据能从低位向高位移动，还能从高位移动到低位。

1．题目要求

利用 QuartusⅡ软件的文本输入方式，设计一个五位双向移位寄存器，完成编译和波形仿真后，下载到实验平台验证电路功能。

2．电路设计

设时钟输入端为 CLK、预置数据输入端为 PRED、工作模式控制端为 M（00 是保持、01 是右移、10 是左移、11 是预置数）、左移数据输入端为 DSL、右移数据输入端为 DSR、寄存器同步清零端为 RESERT、移位寄存器输出端为 DOUT。

3．建立项目

1）在计算机的 E 盘，建立文件夹 E:\EXAM443 作为项目文件夹，项目名为 DREG，顶层设计文件名也为 DREG。

2）启动 QuartusⅡ，在添加文件对话框的 File name 中输入 DREG.vhd，然后单击“Add”按钮，添加该文件。

3）设置完成后，单击“Finish”按钮，关闭新项目建立向导。

☞注意：

软件的标题栏必须变为 E:/EXAM443/DREG-DREG。

4．编辑与编译

1）编辑。单击“File”→“New”对话框，在 Design Files 下选中 VHDL File 选项，单击“OK”按钮。在文本编辑区输入以下程序：

```
LIBRARY IEEE;
  USE IEEE.STD_LOGIC_1164.ALL;
ENTITY DREG IS
  PORT ( CLK,RESERT,DSL,DSR : IN STD_LOGIC;
         M : IN STD_LOGIC_VECTOR(1 DOWNTO 0);
         PRED   : IN STD_LOGIC_VECTOR(4 DOWNTO 0);
         DOUT   : BUFFER STD_LOGIC_VECTOR(4 DOWNTO 0));
  END DREG;
ARCHITECTURE a OF DREG IS
  BEGIN
   Process(CLK,RESERT)
    BEGIN
     IF CLK'EVENT AND CLK='1' THEN
       IF RESERT='1' THEN
          DOUT<=(OTHERS=>'0');                          --相当于 DOUT<="00000"
       ELSE
          IF M(1)='0' THEN
```

```
        IF M(0)='0' THEN
            NULL;                                   -- NULL 为空操作，保持
        ELSE
            DOUT<=DSR & DOUT(4 DOWNTO 1);           --数据右移
        END IF;
      ELSIF M(0)='0' THEN
            DOUT<=DOUT(3 DOWNTO 0) & DSL;           --数据左移
         ELSE
            DOUT<=PRED;                             --预置数
         END IF;
      END IF;
    END IF;
  END PROCESS;
END a;
```

2）输入完成后，单击“File”→“Save As”选项，将文件保存在已建立的文件夹E:\EXAM443下，文件名为DREG，文件保存类型选择为VHDL File。

3）单击“Processing”→“Start Compilation”选项，启动全程编译。如果设计中存在错误，可以根据Massage-Compiler窗口所提供的信息进行修改，重新编译，直到没有错误为止。

5．波形仿真

1）建立波形输入文件，设定仿真时间和周期后，将波形文件以DREG为名，存入文件夹E:\ EXAM443文件夹下。

2）加入元件引脚，调整波形坐标间距后编辑波形。

3）单击“Processing”→“Start Simulation”选项，启动仿真器。使用调整焦距工具调整波形坐标间距，双向移位寄存器仿真波形如图4-6所示。

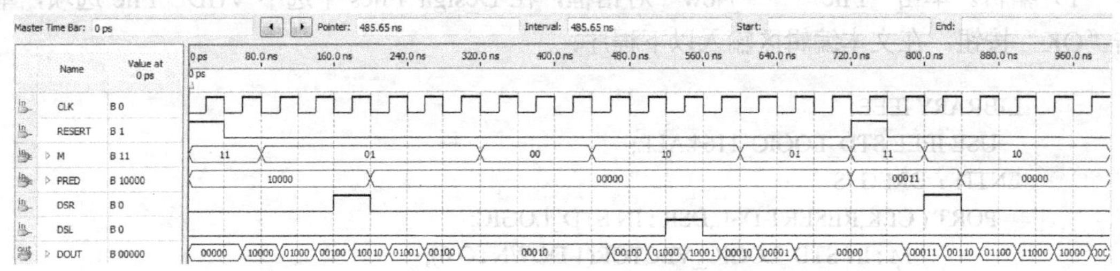

图4-6　双向移位寄存器仿真波形

6．编程

1）根据使用实验箱的具体情况锁定引脚，再次编译。

2）编译成功后，使用电缆将计算机和实验箱连接，接通实验箱电源。

3）单击“Tools”→“Programmer”选项，在编程窗口中进行硬件配置。

4）在编程窗口中，单击选中DREG.sof文件，单击“Start”按钮，完成对芯片编程。

7．电路测试

在主板上的“时钟频率选择”区，将时钟设置为8Hz，操作五位双向移位寄存器如表4-2所示操作。

表 4-2 操作五位双向移位寄存器

输入					输出
RESERT	M	PRED	DSR	DSL	DOUT
1	×	×	×	×	00000
0	11	10000	0	0	10000
0	01	×	0	0	循环右移
0	01	×	1	0	从高位输入 1，然后右移
0	01	×	0	0	从高位输入 0，然后右移
0	00	×	×	×	保持
0	10	×	0	1	从高位输入 1，然后左移
0	10	×	0	0	从高位输入 0，然后左移

4.5 实训 交通灯控制器的设计

1. 实训目标

1）学习 VHDL 程序设计方法。

2）熟悉 VHDL 程序结构。

3）练习程序的编译与错误修改。

2. 两方向交通灯控制器

1）分析设计题目。设东西方向和南北方向的车流量大致相同，因此两个方向的红、黄、绿灯亮的时间也相同。黄灯是红灯变绿灯、绿灯变红灯的过渡信号，一是提醒司机和行人注意信号的变化；二是让已经出发但未能走完的行人和车辆通过。设红灯每次亮 34 秒，黄灯每次亮 4 秒，绿灯每次亮 30 秒。用时钟脉冲的个数来表示时间，假设一个时钟周期就是 1 秒。用 1 代表灯亮、0 代表灯暗，交通灯的循环顺序如表 4-3 所示。

表 4-3 交通灯的循环顺序

时间	东西方向			南北方向		
	红灯	黄灯	绿灯	红灯	黄灯	绿灯
30 秒	1	0	0	0	0	1
2 秒	1	0	0	0	1	0
2 秒	0	1	0	0	1	0
2 秒	0	1	0	1	0	0
30 秒	0	0	1	1	0	0
2 秒	0	1	0	1	0	0
2 秒	0	1	0	0	1	0
2 秒	1	0	0	0	1	0

从表 4-3 中可以看出，交通灯共有 8 种状态，某个方向红灯亮的时间等于另一个方向绿

灯和黄灯发光时间之和，每个方向信号灯发光顺序是红→黄→绿→黄→红。

2）实体的确定。如表 4-3 所示，应该有一个输入端（clk），可用标准逻辑类型（STD_LOGIC）；一个输出端（y），由于要代表两个方向共 6 个信号灯的状态，数据类型应该使用标准逻辑数组类型（STD_LOGIC_VECTOR），用包含 6 个元素的数组代表 3 个信号灯。实体的名称取 traffic。

3）结构体的确定。为了描述表 4-3 所示的逻辑关系，设一个代表时间的变量 *m*，*m* 计算时钟脉冲的个数，利用 *m* 的数值区间实现要求的逻辑关系。全部程序如下：

```
LIBRARY IEEE;
  USE IEEE.STD_LOGIC_1164.ALL;
ENTITY traffic IS
  PORT( clk    : IN     STD_LOGIC;
        y      : OUT    STD_LOGIC_VECTOR(5 DOWNTO 0));
END traffic;
ARCHITECTURE a OF traffic IS
BEGIN
  PROCESS(clk)
    VARIABLE m : INTEGER RANGE 0 TO 72;        --整数类型，取值范围 0～72
    BEGIN
    IF clk'EVENT AND clk='1' THEN
      IF m>=72 THEN m:=1;
      ELSE m:=m+1;
        IF m<=30 THEN y<="100001";
        ELSIF m<=32 THEN y<="100010";
        ELSIF m<=34 THEN y<="010010";
        ELSIF m<=36 THEN y<="010100";
        ELSIF m<=66 THEN y<="001100";
        ELSIF m<=68 THEN y<="010100";
        ELSIF m<=70 THEN y<="010010";
        ELSE   y<="100010";
        END IF;
      END IF;
    END IF;
  END PROCESS;
END a;
```

4）波形仿真。编辑的程序文件通过编译后，可以进行波形仿真，交通灯控制器波形图如图 4-7 所示。

图 4-7　交通灯控制器波形图

3．带有急停按钮的交通灯控制器

1）分析设计题目。有些特殊的车辆（如救护车、消防车等），需要快速通行，可以看作交通紧急状态。当紧急状态出现时，按下急停按钮，两个方向都指示红灯，禁止普通车辆通行。急停按钮抬起，紧急状态解除，继续原有状态。可在程序中需增加一个输入引脚urgency，作为急停按钮，采用异步工作方式。

2）程序设计。

```
LIBRARY IEEE;
  USE IEEE.STD_LOGIC_1164.ALL;
ENTITY traffic IS
  PORT( clk,urgency    : IN      STD_LOGIC;
                   y     : OUT    STD_LOGIC_VECTOR(5 DOWNTO 0));
END traffic;
ARCHITECTURE a OF traffic IS
BEGIN
  PROCESS(clk,urgency)                         --进程中加入 urgency 作为敏感信号
    VARIABLE m : INTEGER RANGE 0 TO 72;
    BEGIN
    IF urgency='0' THEN y<="100100";
    ELSIF clk'event and clk='1' THEN
     IF m>=72 THEN m:=1;
      ELSE m:=m+1;
       IF m<=30 THEN y<="100001";
         ELSIF m<=32 THEN y<="100010";
         ELSIF m<=34 THEN y<="010010";
         ELSIF m<=36 THEN y<="010100";
         ELSIF m<=66 THEN y<="001100";
         ELSIF m<=68 THEN y<="010100";
         ELSIF m<=70 THEN y<="010010";
       ELSE    y<="100010";
       END IF;
     END IF;
    END IF;
  END PROCESS;
END a;
```

3）波形仿真，带急停按钮的交通灯控制器波形图如图4-8所示。

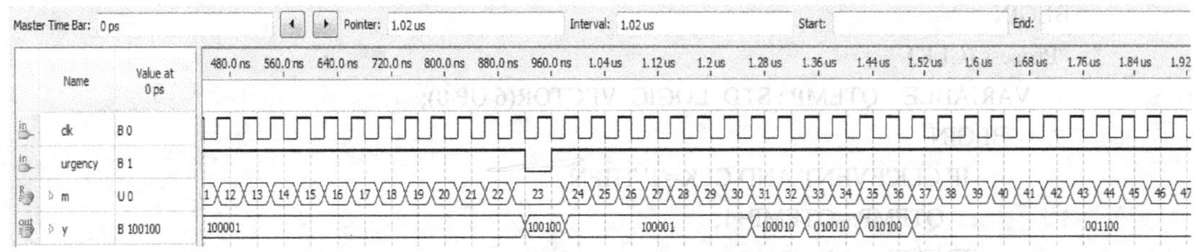

图4-8　带急停按钮的交通灯控制器波形图

4．实训报告

1）记录仿真波形。

2）分析程序设计特点。

3）若设置左转向灯，应如何修改程序。

4.6 习题

1．填空

1）在 VHDL 中，PROCESS 结构内部是由（　　）语句组成的。

A．顺序　　B．并行

C．顺序或并行　　D．任何

2）在 VHDL 的进程语句中，敏感信号表列出的是电路的（　　）信号。

A．输入　　B．时钟

C．输出　　D．输入或时钟

3）VHDL 的 WORK 库是用户设计的现行工作库，用于存放（　　）的工程项目。

A．用户自己设计　　B．公共程序

C．共享数据　　D．图形文件

4）在 VHDL 中，为了使已声明的数据类型、子程序和元件能被其他设计实体调用或共享，可以汇集在（　　）中。

A．设计实体　　B．子程序　　C．结构体　　D．包

5）在 VHDL 的 CASE 语句中，条件语句中的“=>”不是操作符，只相当于（　　）的作用。

A．IF　　B．THEN　　C．AND　　D．OR

2．改正程序中的错误。

```
LIBRARY IEEE;
  USE   IEEE.STD_LOGIC_1164.ALL;
  USE   STD_LOGIC_UNSIGNED.ALL;
ENTITY   Exe_8   IS  ;
  PORT (   CLK: IN STD_LOGIC;
           Q: BUFFER STD_LOGIC_VECTOR (7 DOWNTO 0);  );
END Exe_8;
ARCHITECTURE   a   OF   Exe IS
  BEGIN
    Process (CLK)
      VARIABLE   QTEMP : STD_LOGIC_VECTOR(6 UP 0);
        BEGIN
          IF CLK'EVENT AND CLK='1' THEN
            QTEMP:=QTEMP+1;
          END IF;
          Q<=QTEMP;
```

```
    END PROCESS;
END a;
```

3．分析下面的 VHDL 源程序，说明设计电路的功能。

```
LIBRARY IEEE;
 USE IEEE.STD_LOGIC_1164.ALL;
 USE IEEE.STD_LOGIC_UNSIGNED.ALL;
ENTITY COMP IS
 PORT( A : IN STD_LOGIC_VECTOR(3 DOWNTO 0);
       B : IN STD_LOGIC_VECTOR(3 DOWNTO 0);
  GT, LT, EQ : OUT STD_LOGIC);
 END COMP;
ARCHITECTURE one OF COMP IS
 BEGIN
  PROCESS(a,b)
   BEGIN
    GT<='0';
    LT<='0';
    EQ<='0';
    IF  A>B  THEN  GT<='1';
    ELSIF  A<B  THEN  LT<='1';
    ELSE  EQ<='1';
   END IF;
  END PROCESS;
END one;
```

4．分析下面的 VHDL 源程序，说明设计电路的功能。

```
LIBRARY IEEE;
 USE IEEE.STD_LOGIC_1164.ALL;
ENTITY ANDEIGHT IS
 PORT(ABIN : IN STD_LOGIC_VECTOR(7 DOWNTO 0);
        DIN : IN STD_LOGIC_VECTOR(7 DOWNTO 0);
      DOUT : OUT STD_LOGIC_VECTOR(7 DOWNTO 0));
END ANDEIGHT;
ARCHITECTURE ONE OF ANDEIGHT IS
 BEGIN
  PROCESS(ABIN,DIN)
   BEGIN
    FOR I IN 0 TO 7 LOOP
     DOUT(I) <=DIN(I) AND ABIN(I);
    END LOOP;
  END PROCESS;
END ONE;
```

5．设计一个 3 人表决器。（提示：设置 3 个输入，1 个输出。输入变量为 1 时表示表决者赞同，反之表示反对。输出变量为 1 时表示表决“通过”，“通过”的条件是少数服从多数）

6．用 VHDL 语言设计一个五位偶校验器。（提示：偶校验是在信息位后加一个偶校验位，如果信息位中 1 的个数是偶数，则偶校验位加 0；如果信息位中 1 的个数是奇数，则第 8 位加 1，这样使整个字符代码 1 的个数恒为偶数。接收端如检测到某字符代码中 1 的个数不是偶数，即可判定为错码而不予接收，通知发送端重发）

7．设计一个异步清零、同步置数、带有计数使能控制的六进制递增计数器。设时钟脉冲输入端为 CLK、异步清零端为 CLR、同步置数端为 LDN、计数使能端为 EN、置数数据输入端为 D、计数输出端为 Q。

第 5 章　典型单元电路的设计

本章要点

- 分频器的设计
- 键盘输入电路的设计
- 数码显示电路的设计
- 存储器的设计

5.1　分频器

分频器就是将一个给定的频率较高的输入信号，经过适当处理，产生一个或多个频率较低的输出信号。在数字系统设计中，常使用分频器将晶振产生的单一频率分解成系统工作频率。分频器可分为偶数分频、奇数分频和半整数分频（例如 7.5 分频、10.2 分频）等。使用计数器能够实现各种形式的偶数分频及非等占空比的奇数分频，但实现等占空比的奇数分频及半整数分频则较为困难。

5.1.1　2^N分频器

2^N（N 为正整数）分频器是一种特殊的等占空比分频器，利用计数器计算时钟脉冲的个数，二进制计数器的最低位（2^0）就是时钟脉冲的 2 分频（一个时钟脉冲有效沿计为 1，下一个时钟脉冲有效沿计为 0，两个时钟脉冲构成一个周期）、次低位（2^1）就是 4 分频，依次类推，设计非常简单。

1．设计题目

设计一个可输出时钟脉冲 2 分频、4 分频、8 分频和 16 分频信号的分频电路，并使用 Quartus II 进行仿真。

2．实体的确定

实体是设计外部电路的输入输出端口。根据设计题目分析，应该有一个时钟脉冲输入端和 4 个分频信号输出端。设时钟脉冲输入端为 CLK，分频信号输出端分别为 DIV2（2 分频）、DIV4（4 分频）、DIV8（8 分频）和 DIV16（16 分频），数据类型都可以使用标准逻辑位类型（STD_LOGIC），实体名为 DIVF。实体的参考程序如下：

```
ENTITY DIVF IS
  PORT(CLK : IN STD_LOGIC;
       DIV2 , DIV4 , DIV8 , DIV16 : OUT STD_LOGIC);
END ENTITY DIVF;
```

3．结构体的确定

结构体描述设计实体内部结构和实体端口之间的逻辑关系，是实体的一个组成单元。在结构体中设计一个计数器，定义一个 4 位临时信号存储计数值，并需要把该定义放在结构体的声明部分。参考程序如下：

```
ARCHITECTURE ART OF DIVF IS
  SIGNAL Q : STD_LOGIC_VECTOR(4 DOWNTO 0);          --定义临时信号 Q
BEGIN
  PROCESS(CLK)
    BEGIN
    IF CLK'EVENT AND CLK='1' THEN                   --判断时钟脉冲的上升沿
      Q<=Q+1;
     END IF;
  END PROCESS;
  DIV2<=Q(0);                                       --输出 2 分频信号
  DIV4<=Q(1);                                       --输出 4 分频信号
  DIV8<=Q(2);                                       --输出 8 分频信号
  DIV16<=Q(3);                                      --输出 16 分频信号
END ARCHITECTURE ART;
```

4．库和程序包的确定

由于实体中定义的信号类型不是 VHDL 默认类型，需要调用 IEEE 库中的 STD_LOGIC_1164 程序包；又由于结构体中使用了运算符"+"，需要调用 IEEE 库中的 STD_LOGIC_UNSIGNED 程序包，因此在实体的前面调用 IEEE 库，并使用这两个程序包。参考程序如下：

```
LIBRARY IEEE;
  USE IEEE.STD_LOGIC_1164.ALL;
  USE IEEE.STD_LOGIC_UNSIGNED.ALL;
```

5．波形仿真

编译成功后，进行仿真分析，2^N（N 为正整数）分频器的仿真波形如图 5-1 所示。

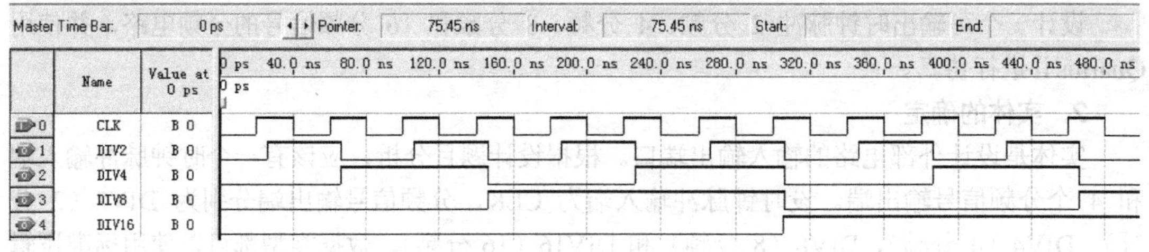

图 5-1　2^N（N 为正整数）分频器的仿真波形

5.1.2　偶数分频器

偶数分频器的设计非常简单，通过计数器计数就可以实现。例如，进行 N（N 为偶数）分频，就可以通过待分频的时钟脉冲触发计数器计数，当计数器从 0 计数到（N/2）−1 时，输出信号就进行翻转，形成半个周期，并给计数器清零，以便在下一个时钟脉冲有效沿到来时从零开始计数；当计数器又计数到（N/2）−1 时，输出信号再次翻转，形成另半个周期。如此循环，就可以实现任意的偶数分频。

1．设计题目

设计一个等占空比的 6 分频器，并使用 Quartus II进行仿真。

2．实体的确定

根据题目要求，等占空比的 6 分频器应该有一个时钟脉冲输入端、一个清零端和一个分频信号输出端。设时钟脉冲输入端为 CLK、清零端为 RESET、分频信号输出端为 DIV6，数据类型都可以使用标准逻辑位类型（STD_LOGIC）。实体名为 DIVSIX。实体的参考程序如下：

```
ENTITY DIVSIX IS
  PORT(CLK : IN STD_LOGIC;
        RESET : IN STD_LOGIC;
          DIV6 : OUT STD_LOGIC);
END ENTITY DIVSIX;
```

3．结构体的确定

在结构体中设计一个计数器，由于是 6 分频（N=6），因此（N/2）-1=2，可定义一个信号 COUNT 存储计数值；由于输出方向定义为 OUT 的信号 DIV6 不能出现在赋值语句的右侧，无法描述触发器的计数状态，需要设置一个临时信号 CLKTEP，信号的定义需要放在结构体的声明部分。参考程序如下：

```
ARCHITECTURE ART OF DIVSIX   IS
  SIGNAL   COUNT : STD_LOGIC_VECTOR(1 DOWNTO 0);
  SIGNAL   CLKTEP : STD_LOGIC;
 BEGIN
  PROCESS(RESET,CLK)
   BEGIN
    IF   RESET='1'   THEN                         --异步清零，高电平有效
      CLKTEP<='0';
    ELSIF   RISING_EDGE(CLK) THEN                 --判断 CLK 的上升沿
      IF  COUNT="10"   THEN
        COUNT <= "00";                            --计数到（N / 2）–1（N=6）就清零
        CLKTEP <=NOT CLKTEP ;                     --输出信号翻转，形成前半个周期
      ELSE
        COUNT<=COUNT+1;
      END IF;
    END IF;
  END PROCESS;
DIV6<= CLKTEP;
END ARCHITECTURE ART;
```

4．库和程序包的确定

由于实体中定义的信号类型不是 VHDL 默认类型，需要调用 IEEE 库中的 STD_LOGIC_1164 程序包；由于结构体中使用了运算符“+”，调用 IEEE 库中的 STD_LOGIC_UNSIGNED 程序包，因此需要在实体的前面调用 IEEE 库，并使用程序包。参考程序如下：

```
LIBRARY IEEE;
```

```
USE IEEE.STD_LOGIC_1164.ALL;
USE IEEE.STD_LOGIC_UNSIGNED.ALL;
```

5. 波形仿真

编辑的程序文件通过编译后，可以进行波形仿真，六分频器仿真波形如图 5-2 所示。

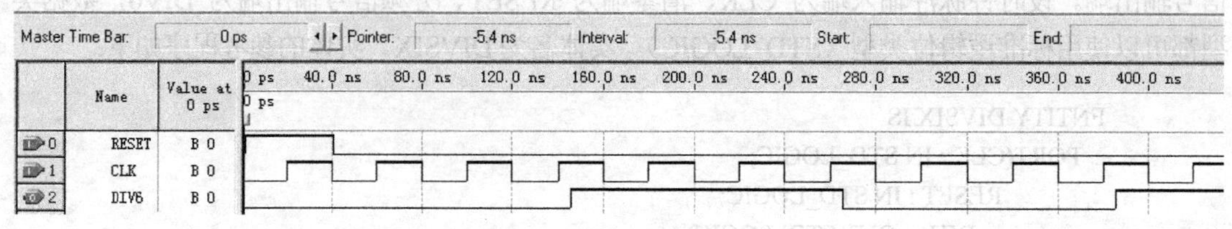

图 5-2 六分频器仿真波形

5.2 按键输入电路

按键是最常见的人机交互接口部件。电子产品所需要的键盘按键个数非常有限，通常为几个到十几个不等，需要单独设计成专用的小键盘，常用的有编码键盘、扫描键盘和虚拟键盘等。

5.2.1 编码键盘

在数字电路中，可以利用编码器实现按键键值的直接编码。将每个按键的输出信号对应连接到编码器的每个输入端，通过编码逻辑就可以在编码器的输出端得到对应每个按键的码值，称这种键盘为编码键盘。但是当按键较多时，编码键盘会由于按键和连线较多，导致成本高；另外直接编码的方法也不够灵括，一旦编码逻辑固定就难以更改了。

1. 设计题目

设计一个 12-4 线的编码键盘，按键为弹起式，已经过“去抖动”处理，编码键盘电路如图 5-3 所示。

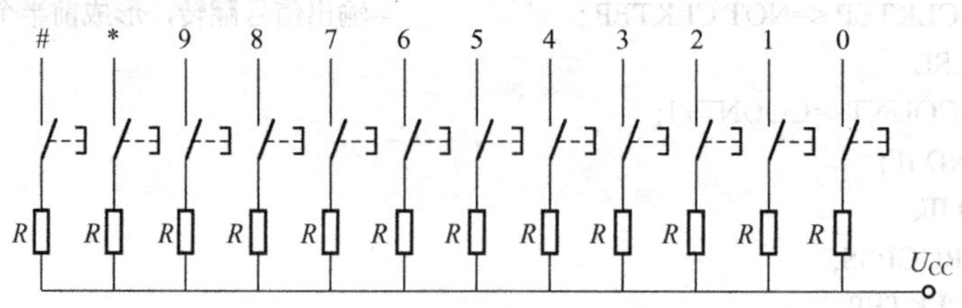

图 5-3 编码键盘电路

“抖动”是指弹起式按键存在机械触动的弹性作用，一个按键在按下时不会马上稳定的接通，在抬起时也不会稳定的断开，均伴随有一连串的接触、断开和再接触的弹跳现象。抖动时间长短由按键的机械特性决定，一般为 5～10ms。去除抖动可以使用基本 RS 触发器（每个按键接一个基本 RS 触发器），在按键较多时，可通过检查按键按下或抬起的时间进行消抖。

2．实体的确定

12-4 线的编码键盘应该有一个时钟脉冲输入端、一个 12 位的按键输入端和一个 4 位的按键输出端。设时钟脉冲输入端为 CLK、按键输入端为 KEYIN、按键输出端为 KEYOUT。实体名为 ENCODEJP。实体的参考程序如下：

```
ENTITY  ENCODEJP  IS
 PORT (    CLK : IN   STD_LOGIC;
    KEYIN : IN   STD_LOGIC_VECTOR(11 DOWNTO 0);
      KEYOUT : OUT STD_LOGIC_VECTOR(3 DOWNTO 0));
END ENTITY ENCODEJP;
```

3．结构体的确定

设按键按下时，输入为高电平；没有任何按键按下时，键盘输出编码为“1111”，键盘编码信息如表 5-1 所示。

表 5-1　键盘编码信息

键盘输入信息	输 出 编 码	对 应 键 号	键盘输入信息	输 出 编 码	对 应 键 号
000000000001	0000	0	000001000000	0110	6
000000000010	0001	1	000010000000	0111	7
000000000100	0010	2	000100000000	1000	8
000000001000	0011	3	001000000000	1001	9
000000010000	0100	4	010000000000	1010	*
000000100000	0101	5	100000000000	1011	#

定义两个临时信号 N 和 Z，其中 N 代表按键输出端 KEYOUT，Z 代表按键输入端 KEYIN。使用 CASE 语句描述表 5-1，参考程序如下：

```
ARCHITECTURE  ART  OF  ENCODEJP  IS
 SIGNAL N : STD_LOGIC_VECTOR(3 DOWNTO 0);
SIGNAL Z : STD_LOGIC_VECTOR(11 DOWNTO 0);
 BEGIN
  PROCESS(CLK,KEYIN)
   BEGIN
    Z<=KEYIN;
    IF CLK'EVENT AND CLK='1' THEN
      CASE Z IS
        WHEN"000000000001"=>N<="0000";        --0
        WHEN"000000000010"=>N<="0001";        --1
        WHEN"000000000100"=>N<="0010";        --2
        WHEN"000000001000"=>N<="0011";        --3
        WHEN"000000010000"=>N<="0100";        --4
        WHEN"000000100000"=>N<="0101";        --5
        WHEN"000001000000"=>N<="0110";        --6
        WHEN"000010000000"=>N<="0111";        --7
        WHEN"000100000000"=>N<="1000";        --8
```

```
            WHEN"001000000000"=>N<="1001";        --9
            WHEN"010000000000"=>N<="1010";        --*
            WHEN"100000000000"=>N<="1011";        --#
            WHEN OTHERS =>N<="1111";
          END CASE;
        END IF;
    END PROCESS;
     KEYOUT<=N;
   END ARCHITECTURE ART;
```

4．库和程序包的确定

由于实体中定义的信号类型不是 VHDL 默认类型，需要调用 IEEE 库中的 STD_LOGIC_1164 程序包。参考程序如下：

```
LIBRARY IEEE;                                  --调用 IEEE 库
  USE IEEE.STD_LOGIC_1164.ALL;                 --打开程序包
```

5．波形仿真

编辑的程序文件通过编译后，可以进行波形仿真，编码键盘仿真波形如图 5-4 所示。

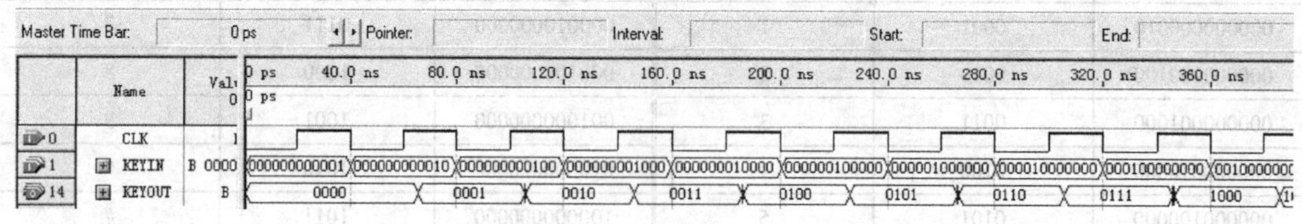

图 5-4　编码键盘仿真波形

5.2.2　扫描键盘

扫描键盘也称为矩阵式键盘，将按键连接成矩阵，每个按键就是一个位于水平扫描线和垂直译码线交点上的开关，再通过一个键盘输入译码电路，将键盘扫描线和垂直输出译码线信号的不同组合编码转化成一个特定的信号值或编码。扫描键盘的优点是当需要的按键数量较多时，可以节省 I/O 接口线，只需要 M 条行线和 N 条列线就可以组成 $M\times N$ 个按键的扫描键盘；缺点是编程相对复杂。

1．设计题目

设计一个 4×3 扫描键盘，按键为弹起式，已经过“去抖动”处理。4×3 扫描键盘电路如图 5-5 所示。要求数字键（0～9）和功能键（#、*）分别输出，并产生相应标志。

2．实体的确定

根据题意，4×3 扫描键盘应该有一个时钟脉冲输入端、一个 3 位的译码线输入端（接 KX_0～KX_2）；1 个 4 位的扫描线输出端（接 KY_0～KY_3）、两个 3 位的按键输出端、两个按键标志输出端。设时钟脉冲输入端为 CLK、按键输入端 KEYIN；数字按键输出端为 DATAOUT、功能按键输出端为 FUNOUT、数字按

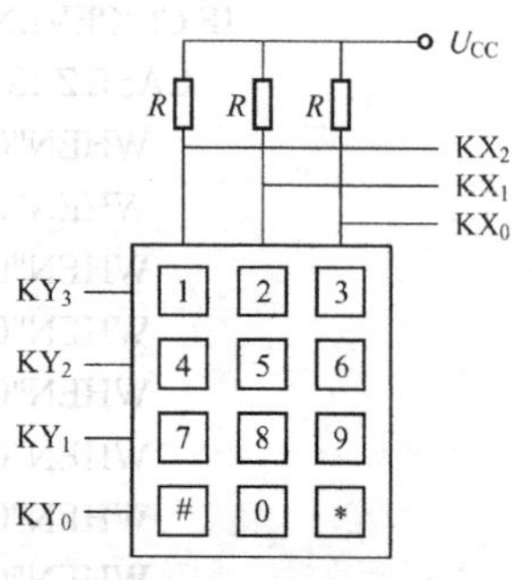

图 5-5　4×3 扫描键盘电路

键输出标志为 DFLAG、功能按键输出标志为 FFLAG。实体名为 SCANJP。实体的参考程序如下：

```
ENTITY  SCANJP  IS
  PORT ( CLK  :  IN STD_LOGIC;
       KEYIN : IN STD_LOGIC_VECTOR(2 DOWNTO 0);                --译码线输入端
       SCAN : OUT STD_LOGIC_VECTOR(3 DOWNTO 0);                --扫描线输出端
       DATAOUT : OUT STD_LOGIC_VECTOR(3 DOWNTO 0);             --数字按键输出
       FUNOUT  : OUT STD_LOGIC_VECTOR(3 DOWNTO 0);             --功能按键输出
       DFLAG :  OUT STD_LOGIC;                                 --数字输出标志
       FFLAG :  OUT STD_LOGIC);                                --功能输出标志
END ENTITY SCANJP;
```

3．结构体的确定

利用条件赋值语句将两位计数信号 CNT 变成 4 位信号 SCAN，SCAN 通过扫描线 KY_0～KY_3 进入键盘，按照 1110→1101→1011→0111→1110 的顺序周期性变化，每次扫描一行（低电平有效）。假设现在的扫描信号为 1011，代表正在扫描 7、8、9 这行的按键，如果这行当中没有按键被按下，则由译码线 KX_2～KX_0 输出的译码信号 KEYIN 值为 111；如果有按键被按下，该键位输出 0。例如，7 被按下时，扫描信号为“01”、译码线输出“011”。依次类推，可得到各按键的位置与数码的关系，信号与按键关系如表 5-2 所示。

表 5-2　信号与按键关系

扫描信号	译码信号	按　键　号	编　　码	扫描信号	译码信号	按　键　号	编　　码
00	011	#	1110	10	011	4	0100
00	101	0	0000	10	101	5	0101
00	110	*	1101	10	110	6	0110
01	011	7	0111	11	011	1	0001
01	101	8	1000	11	101	2	0010
01	110	9	1001	11	110	3	0011

将扫描信号和译码信号连接，定义 5 个临时信号，分别代表数字按键输出端、功能按键输出端、数字按键输出标志、功能按键输出标志和连接后的扫描译码信号。使用 CASE 语句描述表 5-2，没有按键被按下时，输出 1111。参考程序如下：

```
ARCHITECTURE ART OF SCANJP IS
 SIGNAL CNT : STD_LOGIC_VECTOR(1 DOWNTO 0);
 SIGNAL D,F : STD_LOGIC_VECTOR(3 DOWNTO 0);          --数字、功能按键译码值寄存器
 SIGNAL DF,FF : STD_LOGIC;                           --数字、功能按键标志值
 SIGNAL Z:STD_LOGIC_VECTOR(4 DOWNTO 0);              --扫描得到的键码
BEGIN
   PROCESS(CLK)                                      --产生扫描信号 CNT
     BEGIN
       IF CLK'EVENT AND CLK='1' THEN
         IF CNT="11" THEN
```

```
                CNT<="00";
            ELSE
                CNT<=CNT+'1';
            END IF;
        END IF;
    END PROCESS;
     SCAN<="1110" WHEN CNT="00"   ELSE
         "1101" WHEN CNT="01"   ELSE
         "1011" WHEN CNT="10"   ELSE
         "0111" WHEN CNT="11"   ELSE
         "1111";
  PROCESS(CLK, CNT,KEYIN)
   BEGIN
     Z<=CNT & KEYIN;                                 --连接扫描信号和译码信号
   --数字按键译码
     IF CLK'EVENT AND CLK='1' THEN
       CASE Z IS
         WHEN "00101"=>D<="0000";            --0
         WHEN "11011"=>D<="0001";            --1
         WHEN "11101"=>D<="0010";            --2
         WHEN "11110"=>D<="0011";            --3
         WHEN "10011"=>D<="0100";            --4
         WHEN "10101"=>D<="0101";            --5
         WHEN "10110"=>D<="0110";            --6
         WHEN "01011"=>D<="0111";            --7
         WHEN "01101"=>D<="1000";            --8
         WHEN "01110"=>D<="1001";            --9
         WHEN OTHERS =>D<="1111";
       END CASE;
     END IF;
     --功能按键译码
     IF CLK'EVENT AND CLK='1' THEN
       CASE Z IS
         WHEN "00011"=>F<="0100";                --功能键#
         WHEN "00110"=>F<="0001";                --功能键*
         WHEN OTHERS =>F<="1111";
       END CASE;
     END IF;
   END PROCESS;
  --产生数字标志 DF 及功能标志 FF
  DF<=NOT(D(3) AND D(2) AND D(1) AND D(0));
  FF<=NOT(F(1) OR F(0));
  --连接引脚
  DATAOUT<=D;
  FUNOUT<=F;
  DFLAG<=DF;
```

```
    FFLAG<=FF;
END ARCHITECTURE ART;
```

4．库和程序包的确定

参考程序如下：

```
LIBRARY IEEE;
  USE IEEE.STD_LOGIC_1164.ALL;
  USE IEEE.STD_LOGIC_UNSIGNED.ALL;
```

5．波形仿真

编辑的程序文件通过编译后，可以进行波形仿真，4×3 扫描键盘仿真波形如图 5-6 所示。

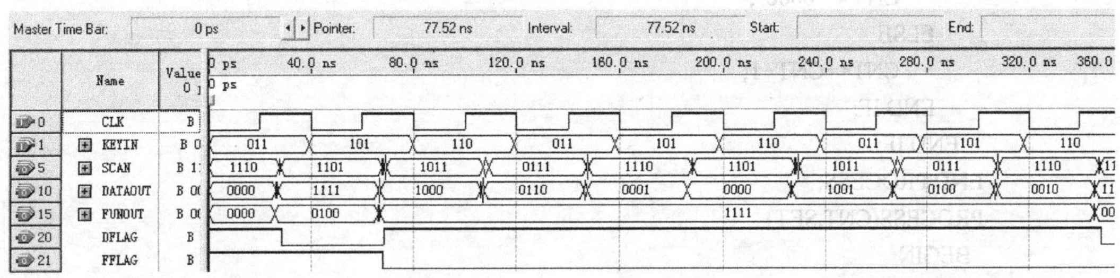

图 5-6　4×3 扫描键盘仿真波形

5.2.3　虚拟键盘

虚拟键盘需要一个由系统内部时钟信号产生的周期性变化的编码信号，还需要一个输入信号确认键，当看到显示的数字是要向系统输入的数码时，按下输入信号确认键，编码信号就不再变化，将当前显示的数码输入到系统；然后抬起输入信号确认键，编码信号再次周期性变化。虚拟键盘不需要外接键盘电路，对输入信息的编码灵活方便，常用于调试硬件系统。

1．设计题目

设计一个能够输入十进制数码 0～9 的虚拟键盘。

2．实体的确定

根据题意要求，虚拟键盘应该有一个时钟脉冲输入端、一个数码确认键和一个十进制数值的显示输出端。设 CLK 为时钟脉冲输入端、SET 为数码确认键，数据类型使用标准逻辑位类型（STD_LOGIC）；VALUE 为十进制数值的显示输出端，数据类型使用整数类型（INTEGER），由于整数类型的数据范围太大，为减小硬件资源消耗，使用函数 RANGE 限制 VALUE 的取值范围。实体名为 XNJP，实体参考程序如下：

```
ENTITY XNJP IS
  PORT(CLK     :  IN STD_LOGIC;
       SET     :  IN STD_LOGIC;          --输入数码确认键，低电平有效
       VALUE   :  OUT   INTEGER   RANGE   0 TO 9 );
END XNJP;
```

3．结构体的确定

设置一个临时信号 CNT 作为从 0～9 周期性变化的计数值；再设置一个临时信号 TEMP，当按下数码确认键 SET 时，将 CNT 的当前值赋值给 TEMP，再根据 TEMP 的数值给输出 VALUE 编码。参考程序如下：

```
ARCHITECTURE ART OF XNJP IS
  SIGNAL   CNT , TEMP   :   STD_LOGIC_VECTOR(3 DOWNTO 0);
  BEGIN
   PROCESS(CLK)
    BEGIN
     IF CLK'EVENT AND CLK='1' THEN
       IF CNT="1001" THEN                     --0～9 周期性变化的信号
          CNT<="0000";
       ELSE
          CNT<=CNT+1;
       END IF;
     END IF;
   END PROCESS;
   PROCESS(CNT,SET)
    BEGIN
     IF SET='1' THEN
         TEMP <= CNT;
         CASE TEMP IS
            WHEN "0000"=>VALUE<=0;
            WHEN "0001"=>VALUE<=1;
            WHEN "0010"=>VALUE<=2;
            WHEN "0011"=>VALUE<=3;
            WHEN "0100"=>VALUE<=4;
            WHEN "0101"=>VALUE<=5;
            WHEN "0110"=>VALUE<=6;
            WHEN "0111"=>VALUE<=7;
            WHEN "1000"=>VALUE<=8;
            WHEN "1001"=>VALUE<=9;
            WHEN OTHERS=>VALUE<=0;
         END CASE;
      END IF;
   END PROCESS;
END ART;
```

4．库和程序包的确定

参考程序如下：

```
LIBRARY IEEE;
 USE IEEE.STD_LOGIC_1164.ALL;
 USE IEEE.STD_LOGIC_UNSIGNED.ALL;
```

5. 波形仿真

编译成功后，会有一些警告信息，可不予处理。建立波形文件，加入引脚时，在“Node Finder”窗口，单击“Filter”输入框右侧的下拉按钮，选中“Pins：all & Registers：post-fitting”选项，这样可以将中间信号 CNT 加入到仿真文件中，以便于观察；在波形编辑窗口用鼠标双击“CNT”和“VALUE”，设置成“Unsigned Decimal”（无符号十进制），虚拟键盘的仿真波形如图 5-7 所示。

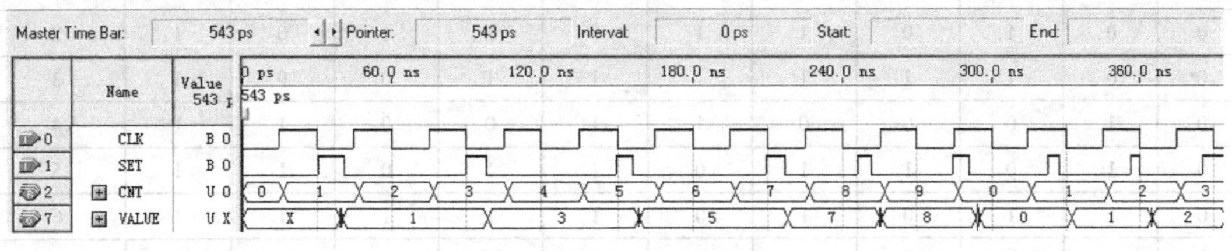

图 5-7 虚拟键盘的仿真波形

5.3 数码显示电路

数字系统常用的显示器件有发光二极管、数码管和液晶显示器等，其中最常用的是数码管。数码管的显示方式有静态显示和动态显示两种。

5.3.1 静态显示

静态显示就是将需要显示的 BCD 码数据经过译码后，分别接到数码管的驱动端，每 4 位 BCD 码连接一个数码管。静态显示的优点是结构简单，缺点是数码较多时，会占用大量的 I/O 接口线。

1. 设计题目

设计一个静态显示器，能够驱动一个 7 段共阴极接法的数码管，将 4 位 BCD 译码器的输出静态显示成十进制数码。7 段数码管内部有 7 个发光二极管，利用这 7 个发光管的暗亮组合来显示数码，7 段数码管的外观和引脚排列如图 5-8 所示。

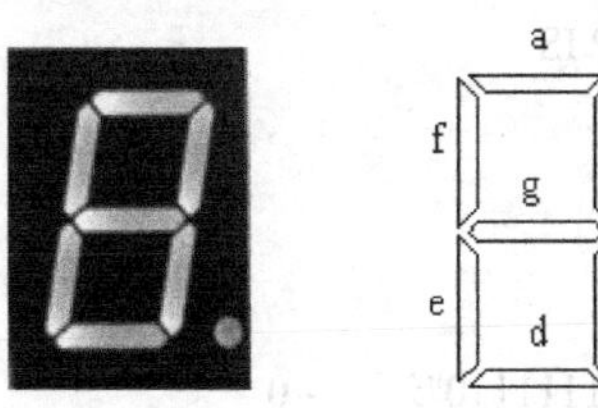

图 5-8 7 段数码管的外观和引脚排列

数码管有共阳极和共阴极两种接法，把数码管内所有二极管的阳极连接到一起的称为共阳极接法；把所有二极管的阴极连接到一起称为共阴极接法。四位 BCD 译码器的输入端有 4 个，共有 $2^4=16$ 种不同的输入组合，每一种组合可对应一个数码，而十进制数码共有 10 个，因此会出现六个无效状态，这时数码管的显示应该为暗。静态显示器应具备的引脚有输入端：D_0、D_1、D_2、D_3；输出端：S_0、S_1、S_2、S_3、S_4、S_5、S_6，分别接数码管的 a～g 端。

数码管共阴极接法的静态显示器真值表如表 5-3 所示。

表 5-3　数码管共阴极接法的静态显示器真值表

输入端				输出端							说　明
D3	D2	D1	D0	S_0	S_1	S_2	S_3	S_4	S_5	S_6	显示数码
0	0	0	0	1	1	1	1	1	1	0	0
0	0	0	1	0	1	1	0	0	0	0	1
0	0	1	0	1	1	0	1	1	0	1	2
0	0	1	1	1	1	1	1	0	0	1	3
0	1	0	0	0	1	1	0	0	1	1	4
0	1	0	1	1	0	1	1	0	1	1	5
0	1	1	0	1	0	1	1	1	1	1	6
0	1	1	1	1	1	1	0	0	0	0	7
1	0	0	0	1	1	1	1	1	1	1	8
1	0	0	1	1	1	1	1	0	1	1	9
1	×	1	×	0	0	0	0	0	0	0	暗

2．实体的确定

根据表 5-3 分析，实体应该有一个四位输入端和一个七位输出端，数据类型都可以使用 STD_LOGIC_VECTOR。设四位 BCD 码输入端为 D、七位输出端为 S，实体名为 SDISP。实体参考程序如下：

```
ENTITY   SDISP  IS
  PORT ( D : IN      STD_LOGIC_VECTOR(3 DOWNTO 0);
         S : OUT     STD_LOGIC_VECTOR(6 DOWNTO 0));
  END SDISP;
```

3．结构体的确定

可以使用 CASE 语句描述真值表，还需要一个进程语句来执行输入信号 D 的变化。参考程序如下：

```
ARCHITECTURE A OF SDISP IS
  BEGIN
    PROCESS(D)
     BEGIN
      CASE D IS
       WHEN "0000"=>S<="1111110";       --0
       WHEN "0001"=>S<="0110000";       --1
       WHEN "0010"=>S<="1101101";       --2
       WHEN "0011"=>S<="1111001";       --3
       WHEN "0100"=>S<="0110011";       --4
       WHEN "0101"=>S<="1011011";       --5
       WHEN "0110"=>S<="1011111";       --6
       WHEN "0111"=>S<="1110000";       --7
       WHEN "1000"=>S<="1111111";       --8
```

```
                WHEN "1001"=>S<="1111011";      --9
                WHEN OTHERS=>S<="0000000";
            END CASE;
        END PROCESS;
    END A;
```

4．库和程序包的确定

参考程序如下：

```
LIBRARY IEEE;
    USE IEEE.STD_LOGIC_1164.ALL;
```

5．波形仿真

编辑的程序文件通过编译后，可以进行波形仿真。数码管共阴极接法的静态显示器仿真波形如图 5-9 所示。

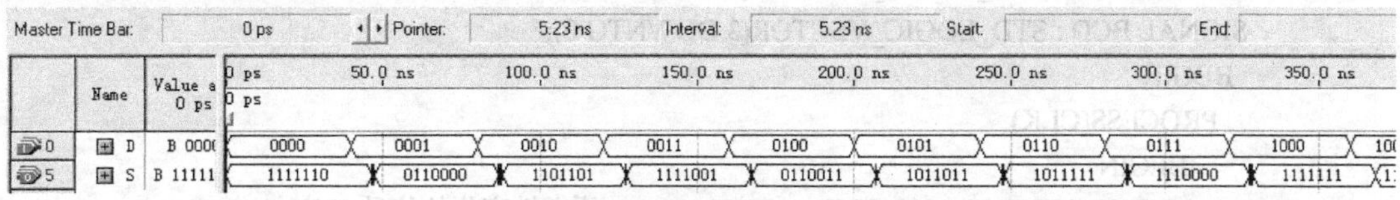

图 5-9　数码管共阴极接法的静态显示器仿真波形

5.3.2　动态显示

动态显示是将所有显示数据的 BCD 码按照一定的顺序和变化频率送到公用数据总线上，再通过一个共用的显示译码器译码后，接到数码管的驱动端，同时利用一个与数据总线变化频率相同的选通信号来确定单个数码管的显示，即选通信号决定是哪一个数码管显示，该时刻公用数据总线上的数据决定这个数码管显示的内容。

1．设计题目

利用 4 个共阴极接法的 7 段数码管动态显示 4 个 BCD 码数据，动态显示与扫描键盘的工作方式相似，动态显示器状态表如表 5-4 所示。

表 5-4　动态显示器状态表

周期信号	显示数据	选通信号（低电平有效）	数码管 1	数码管 2	数码管 3	数码管 4
00	A	1110	显示 A	暗	暗	暗
01	B	1101	暗	显示 B	暗	暗
10	C	1011	暗	暗	显示 C	暗
11	D	0111	暗	暗	暗	显示 D

2．实体的确定

设 CLK 为系统时钟脉冲（1kHz 以上，如果频率太低，则显示的数码会闪动），A、B、C 和 D 为显示数据，COM 为数码管的选通信号、SEG 为数码管的显示驱动信号，实体名为 DDISP。实体参考程序如下：

```
ENTITY DDISP IS
    PORT ( CLK : IN STD_LOGIC;
```

```
A   : IN STD_LOGIC_VECTOR(3 DOWNTO 0);
B   : IN STD_LOGIC_VECTOR(3 DOWNTO 0);
C   : IN STD_LOGIC_VECTOR(3 DOWNTO 0);
D   : IN STD_LOGIC_VECTOR(3 DOWNTO 0);            --A、B、C和D为显示数据
COM : OUT STD_LOGIC_VECTOR(3 DOWNTO 0);           --数码管的选通信号
SEG : OUT STD_LOGIC_VECTOR(6 DOWNTO 0));          --数码管的显示驱动信号
END ENTITY DDISP;
```

3．结构体的确定

结构体中需要 1 个周期性变化的信号（00～11），可以用计数器实现，设为 CNT；选通信号设为 COM，用 CASE 语句描述选通过程；再用 4 个共阴极接法的 7 段数码管显示即可。参考程序如下：

```
ARCHITECTURE ART OF DDISP IS
 SIGNAL CNT : STD_LOGIC_VECTOR(1 DOWNTO 0);
 SIGNAL BCD : STD_LOGIC_VECTOR(3 DOWNTO 0);
  BEGIN
   PROCESS(CLK)
    BEGIN
      IF CLK'EVENT AND CLK='1' THEN         --周期性变化的信号 CNT
        IF CNT="11" THEN
           CNT<="00";
        ELSE
           CNT<=CNT+'1';
        END IF;
      END IF;
   END PROCESS;
  PROCESS(CNT)
    BEGIN
      CASE CNT IS
        WHEN "00"=> BCD<=A; COM<="1110";     --COM 选通信号低电平有效
        WHEN "01"=> BCD<=B; COM<="1101";
        WHEN "10"=> BCD<=C; COM<="1011";
        WHEN "11"=> BCD<=D; COM<="0111";
        WHEN OTHERS=> BCD<="ZZZZ";COM<="ZZZZ";
      END CASE;
      CASE BCD IS                                   --译码器
       WHEN "0000"=>SEG<="1111110";      --0
       WHEN "0001"=>SEG<="0110000";      --1
       WHEN "0010"=>SEG<="1101101";      --2
       WHEN "0011"=>SEG<="1111001";      --3
       WHEN "0100"=>SEG<="0110011";      --4
       WHEN "0101"=>SEG<="1011011";      --5
       WHEN "0110"=>SEG<="1011111";      --6
       WHEN "0111"=>SEG<="1110000";      --7
       WHEN "1000"=>SEG<="1111111";      --8
       WHEN "1001"=>SEG<="1111011";      --9
```

```
            WHEN OTHERS=>SEG<="0000000";
          END CASE;
      END PROCESS;
    END ART;
```

4．库和程序包的确定

参考程序如下：

```
    LIBRARY IEEE;
      USE IEEE.STD_LOGIC_1164.ALL;
      USE IEEE.STD_LOGIC_UNSIGNED.ALL;
```

5．波形仿真

编辑的程序文件通过编译后，可以进行波形仿真。动态显示器仿真波形如图 5-10 所示。

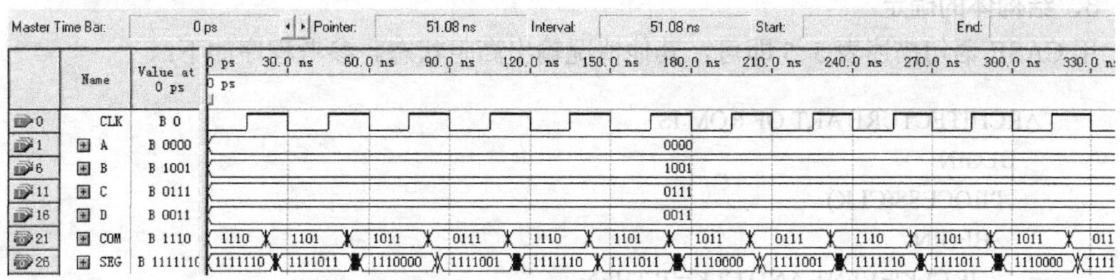

图 5-10　动态显示器仿真波形

5.4　存储器

存储器是数学系统的重要组成部分之一，用来存储程序和数据以及表征系统的“记忆”功能。存储器属于通用大规模器件，一般不需要自行设计，但是数字系统有时需要设计一些小型的存储器件，用于临时存储数据、构成查表运算的数据表等。

5.4.1　ROM

ROM（只读存储器）是一种只能读出所存数据的存储器，其特性是一旦储存资料就无法再将之改变或删除。ROM 所存数据稳定，断电后所存数据也不会改变；其结构较简单，读出较方便，因而常用于存储各种固定程序和数据。

1．设计题目

设计一个容量为 256×4 的 ROM，存储的部分数据及对应地址如表 5-5 所示。

表 5-5　数据及对应地址

地　址	该地址上存储的数据	地　址	该地址上存储的数据
00000000	0001	00000101	1000
00000001	0010	00011000	1100
00000010	0011	00011100	1110
00000011	0100	00100000	1101
00000100	0101	00100100	0111

2．实体的确定

容量为 256×4 的 ROM 应该有 8 条输入地址线（2^8=256），设为 ADDR，即 ADDR（0）～ADDR（7）；ROM 的数据宽度为 4，应该有 4 条数据输出线，设为 DOUT，即 DOUT（0）～DOUT（3）。实体名为 ROM。实体参考程序如下：

```
ENTITY ROM IS
  PORT(CLK    :  IN    STD_LOGIC;
       ADDR   :  IN    STD_LOGIC_VECTOR(7 DOWNTO 0);
       DOUT   :  OUT   STD_LOGIC_VECTOR(3 DOWNTO 0));
END ROM;
```

3．结构体的确定

用 CASE 语句描述表 5-5 即可，其他情况输出高阻状态。参考程序如下：

```
ARCHITECTURE ART OF ROM IS
  BEGIN
   PROCESS(CLK)
    BEGIN
     IF CLK'EVENT AND CLK='1' THEN
        CASE ADDR IS
          WHEN "00000000"=>DOUT<="0001";
          WHEN "00000001"=>DOUT<="0010";
          WHEN "00000010"=>DOUT<="0011";
          WHEN "00000011"=>DOUT<="0100";
          WHEN "00000100"=>DOUT<="0101";
          WHEN "00000101"=>DOUT<="1000";
          WHEN "00011000"=>DOUT<="1100";
          WHEN "00011100"=>DOUT<="1110";
          WHEN "00100000"=>DOUT<="1101";
          WHEN "00100100"=>DOUT<="0111";
          WHEN OTHERS=>DOUT<="ZZZZ";     --其他情况输出高阻状态
        END CASE;
      END IF;
   END PROCESS;
END ART;
```

4．库和程序包的确定

参考程序如下：

```
LIBRARY IEEE;
 USE IEEE.STD_LOGIC_1164.ALL;
```

5．波形仿真

编辑的程序文件通过编译后，可以进行波形仿真。ROM 仿真波形如图 5-11 所示。

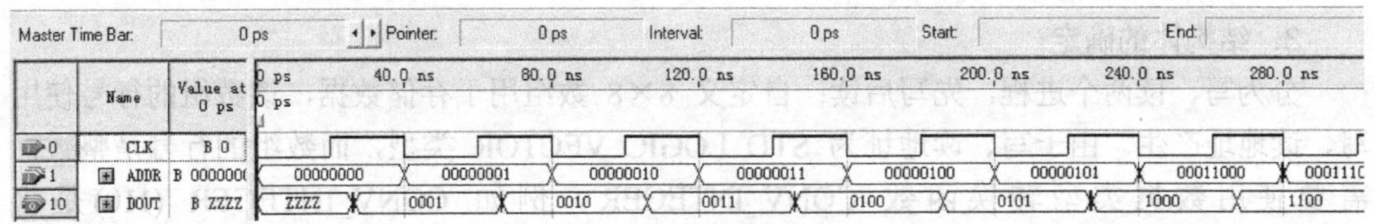

图 5-11　ROM 仿真波形

5.4.2　SRAM

SRAM（静态随机存储器）是一种具有静止存取功能的存储器，不需要刷新电路即能保存内部存储的数据，有读、写两种操作。SRAM 的容量用“深度×宽度”表示，深度是指存储数据的数量；宽度是指存储数据的位数。例如一个宽度为 8、深度为 8 的 SRAM，就可以存储 8 个 8 位的数据，表示为 8×8 的 SRAM；同样宽度为 8、深度为 12 的 SRAM 就可以存储 12 个 8 位的数据，表示为 12×8 的 SRAM。

1．设计题目

设计一个 8×8 的 SRAM，能够读写表 5-6 所示的数据。

表 5-6　8×8 的 SRAM 数据表

写 信 号	读 信 号	地　址	数　据
1	0	000（写入地址）	00000000（写入数据）
1	0	001（写入地址）	00000001（写入数据）
1	0	010（写入地址）	00000010（写入数据）
1	0	011（写入地址）	00000011（写入数据）
0	1	000（读出地址）	00000000（读出数据）
0	1	001（读出地址）	00000001（读出数据）
0	1	010（读出地址）	00000010（读出数据）
0	1	011（读出地址）	00000011（读出数据）

2．实体的确定

8×8 的 SRAM 表示存储 8 个 8 位二进制数据，数据输入和输出端都需要八位的 STD_LOGIC_VECTOR 类型，设数据输入端为 DATAIN、数据输出端为 DATAOUT；存储的数据有 8 个，读写地址线有 3 位即可（2^3=8），设读地址为 RADDR、写地址为 WADDR，均为 STD_LOGIC_VECTOR 类型；还需要读写控制线，设读控制线为 RE、写控制线为 WE，均为 STD_LOGIC 类型。实体名为 SRAM。实体参考程序如下：

```
ENTITY SRAM IS
  PORT(CLK        :  IN STD_LOGIC;
       WE,RE      :  IN STD_LOGIC;          --写、读信号，高电平有效
       DATAIN     :  IN STD_LOGIC_VECTOR(7 DOWNTO 0);
       WADDR      :  IN STD_LOGIC_VECTOR(2 DOWNTO 0);
       RADDR      :  IN STD_LOGIC_VECTOR(2 DOWNTO 0);
       DATAOUT    :  OUT STD_LOGIC_VECTOR(7 DOWNTO 0));
END SRAM;
```

3．结构体的确定

分为写、读两个进程，先写后读；自定义 8×8 数组用于存储数据，该数组的行号使用写、读地址产生。由于写、读地址为 STD_LOGIC_VECTOR 类型，而数组的行号是整数，需要使用数据类型转换函数 CONV_INTEGER。例如 CONV_INTEGER (110) 是将 STD_LOGIC_VECTOR 类型数据“110”转换成整数“6”。参考程序如下：

```
ARCHITECTURE ART OF SRAM IS
    TYPE MEM IS ARRAY(7 DOWNTO 0) OF
        STD_LOGIC_VECTOR(7 DOWNTO 0);                        --自定义 8×8 数组 RAMTMP
    SIGNAL RAMTMP : MEM;
  BEGIN
    WR: PROCESS(CLK)                                         --写进程
      BEGIN
        IF CLK'EVENT AND CLK='1' THEN
          IF WE='1' THEN
            RAMTMP(CONV_INTEGER(WADDR))<=DATAIN;             --写入数据
          END IF;
        END IF;
    END PROCESS WR;
  RR:PROCESS(CLK)                                            --读进程
      BEGIN
        IF CLK'EVENT AND CLK='1' THEN
          IF RE='1' THEN
            DATAOUT<=RAMTMP(CONV_INTEGER(RADDR));            --读出数据
          END IF;
        END IF;
    END PROCESS RR;
END ART;
```

4．库和程序包的确定

由于结构体中使用了数据类型转换函数 CONV_INTEGER，需要调用 IEEE 库中的 STD_LOGIC_UNSIGNED 程序包，因此需要在实体的前面调用 IEEE 库，并使用该程序包。参考程序如下：

```
LIBRARY IEEE;
  USE IEEE.STD_LOGIC_1164.ALL;
  USE IEEE.STD_LOGIC_UNSIGNED.ALL;
```

5．波形仿真

编辑的程序文件通过编译后，可以进行波形仿真，8×8 的 SRAM 仿真波形如图 5-12 所示。

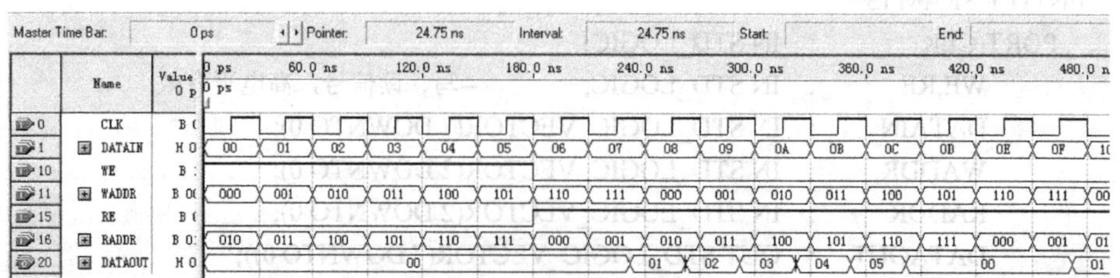

图 5-12　8×8 的 SRAM 仿真波形

5.4.3 FIFO

FIFO 是一种先进先出的队列式数据缓存器，与 SRAM 存储器的区别是没有外部读写地址线，这样使用起来非常简单，但缺点就是只能按顺序写入数据，按顺序读出数据。其数据地址由内部读写指针自动加 1 完成，不能像 SRAM 存储器那样可以由地址线决定读取或写入某个指定的地址。FIFO 一般用于不同时钟域（工作频率）之间的数据传输，例如 FIFO 的一端是 A/D（模数转换）数据采集，另一端是计算机的 PCI（并行数据采集）总线，就可以采用 FIFO 来作为数据缓冲；另外对于不同宽度的数据接口也可以用 FIFO，例如单片机是八位数据输出，而 DSP 可能是十六位数据输入，在单片机与 DSP 之间传输数据时就可以使用 FIFO 来达到数据匹配的目的。

1. 设计题目

设计一个 4×4 先进先出的队列式数据缓存器（FIFO），4×4 的含义与 SRAM 相同。FIFO 的一些重要参数如下所述。

1）满标志：FIFO 已满或将要满（只能写入当前数据）时，由状态电路发出的一个信号，以阻止写操作继续向 FIFO 中写入数据而造成数据溢出。

2）空标志：FIFO 已空或将要空（只能读出当前数据）时，由状态电路发出的一个信号，以阻止读操作继续从 FIFO 中读出数据而造成无效数据的读出。

3）读指针：指向下一个读出地址，读完后自动加 1。

4）写指针：指向下一个写入地址，写完后自动加 1。

2. 设计提示

读写指针其实就是读写的地址，只不过这个地址不能任意选择，而是连续的。为了保证数据正确的写入或读出，而不发生溢出或空读的状态出现，必须保证 FIFO 在满的情况下，不能进行写操作；在空的状态下不能进行读操作。有以下两种情况不能写入。

1）写地址到达最后一位，同时，读地址在初始位置。即写满全部空间，而且没有读出时不能写入。

2）写满后，读出几个字节但没有全部读完，留下的空位又被写满时不能写入。

同样有以下两种情况不能读出。

1）读地址到达最后一位，同时，写地址在初始位置。即已将所有数据读出，而且没有再次写入时不能读出。

2）读空后，写入几个字节但没有写满，又开始读操作，读出这几个字节后不能读出。

3. 实体的确定

设写信号为 WE、读信号为 RE、输入数据为 DATAIN、输出数据为 DATAOUT、空标志为 EF、满标志为 FF、实体名为 FIFO。实体参考程序如下：

```
ENTITY FIFO IS
  PORT(CLK, CLR  :  IN    STD_LOGIC;
       WE,RE   :  IN   STD_LOGIC;              --写信号、读信号
       DATAIN   :  IN    STD_LOGIC_VECTOR(3 DOWNTO 0);
       EF,FF   :  OUT   STD_LOGIC;             --空标志、满标志
       DATAOUT   :  OUT    STD_LOGIC_VECTOR(3 DOWNTO 0));
```

```
END FIFO;
```

4．结构体的确定

根据设计提示，分为修改写指针、写操作、修改读指针、读操作、产生满标志和产生空标志 6 个进程，先写后读；在结构体内定义写地址信号 WADDR、读地址信号 RADDR、记录指针位置的信号 W 和 R；自定义 4×4 数组用于存储数据。由于写、读地址为 STD_LOGIC_VECTOR 类型，而数组的行号是整数，需要使用数据类型转换函数 CONV_INTEGER 和 CONV_STD_LOGIC_VECTOR，完成地址和数组行号之间的转换，例如 CONV_STD_LOGIC_VECTOR(3,2)是将整数 3 转换成 2 位 STD_LOGIC_VECTOR 类型数据，即 3 转换成“11”。参考程序如下：

```
ARCHITECTURE ART OF FIFO IS
  TYPE MEM IS ARRAY(3 DOWNTO 0) OF
      STD_LOGIC_VECTOR(3 DOWNTO 0);                         --自定义 4×4 数组
    SIGNAL RAMTMP : MEM;
    SIGNAL WADDR: STD_LOGIC_VECTOR(1 DOWNTO 0);              --写地址
    SIGNAL RADDR: STD_LOGIC_VECTOR(1 DOWNTO 0);              --读地址
    SIGNAL W,W1,R,R1 : integer range 0 to 4;
  BEGIN
--修改写指针进程
WRITE_POINTER: PROCESS(CLK,CLR,WADDR)   IS
    BEGIN
     IF CLR='0' THEN
      WADDR<=(OTHERS=>'0');                                 --写地址清零
       ELSIF CLK'EVENT AND CLK='1' THEN
        IF WE='1' THEN                                      --写信号有效
          IF WADDR="11" THEN
            WADDR<=(OTHERS=>'0');                           --写地址已满，清零
          ELSE
            WADDR<=WADDR+'1';
          END IF;
        END IF;
     END IF;
    W <= CONV_INTEGER(WADDR);
    W1<=W-1;                                                --写指针当前所在位置
  END PROCESS WRITE_POINTER;
--写操作进程
 WRITE_RAM:PROCESS(CLK)   IS
   BEGIN
    IF CLK'EVENT AND CLK='1' THEN
     IF WE='1' THEN
        RAMTMP(CONV_INTEGER(WADDR))<=DATAIN;               --写入数据
     END IF;
    END IF;
  END PROCESS WRITE_RAM;
--修改读指针进程
```

```
READ_POINTER: PROCESS(CLK,CLR,RADDR)   IS
  BEGIN
   IF CLR='0' THEN
    RADDR<=(OTHERS=>'0');                                   --读地址清零
     ELSIF CLK'EVENT AND CLK='1' THEN
      IF RE='1' THEN                                        --读信号有效
        IF RADDR="11" THEN
          RADDR<=(OTHERS=>'0');                             --已读空，读地址清零
        ELSE
          RADDR<=RADDR+'1';
        END IF;
      END IF;
    END IF;
   R<=CONV_INTEGER(RADDR);                                  --读地址转换为整数
   R1<=R-1;                                                 --读指针所在的位置
  END PROCESS READ_POINTER;
--读操作进程
 READ_RAM:PROCESS(CLK)   IS
  BEGIN
   IF CLK'EVENT AND CLK='1' THEN
    IF RE='1' THEN
      DATAOUT<=RAMTMP(CONV_INTEGER(RADDR));                 --读出数据
    END IF;
   END IF;
  END PROCESS READ_RAM;
--产生满标志进程
 FFLAG:PROCESS(CLK,CLR)   IS
  BEGIN
   IF CLR='0' THEN
     FF<='0';                                               --满标志清零
   ELSIF CLK'EVENT AND CLK='1' THEN
    IF WE='1' AND RE='0' THEN
      IF (W=R1) OR ((WADDR=CONV_STD_LOGIC_VECTOR(3,2)) AND (RADDR="00")) THEN
        FF<='1';                                            --产生满标志
      END IF;
    ELSE
      FF<='0';
    END IF;
   END IF;
  END PROCESS FFLAG;
 --产生空标志进程
 EFLAG:PROCESS(CLK,CLR)   IS
  BEGIN
   IF CLR='0' THEN
     EF<='0';
   ELSIF CLK'EVENT AND CLK='1' THEN
    IF RE='1' AND WE='0' THEN
```

```
            IF (R=W1) OR ((RADDR=CONV_STD_LOGIC_VECTOR(3,2)) AND (WADDR="00")) THEN
              EF<='1';                                                          --产生空标志
            END IF;
          ELSE
            EF<='0';
          END IF;
        END IF;
      END PROCESS EFLAG;
    END ART;
```

5．库和程序包的确定

由于结构体中使用了数据类型转换函数 CONV_INTEGER，需要调用 IEEE 库中的 STD_LOGIC_UNSIGNED 程序包；使用了数据类型转换函数 CONV_STD_LOGIC_VECTOR，需要调用 IEEE 库中的 STD_LOGIC_ARITH 程序包，因此需要在实体的前面调用 IEEE 库，并使用这两个程序包。参考程序如下：

```
LIBRARY IEEE;
  USE IEEE.STD_LOGIC_1164.ALL;
  USE IEEE.STD_LOGIC_ARITH.ALL;
  USE IEEE.STD_LOGIC_UNSIGNED.ALL;
```

6．波形仿真

编辑的程序文件通过编译后，可以进行波形仿真，4×4 的 FIFO 仿真波形如图 5-13 所示。

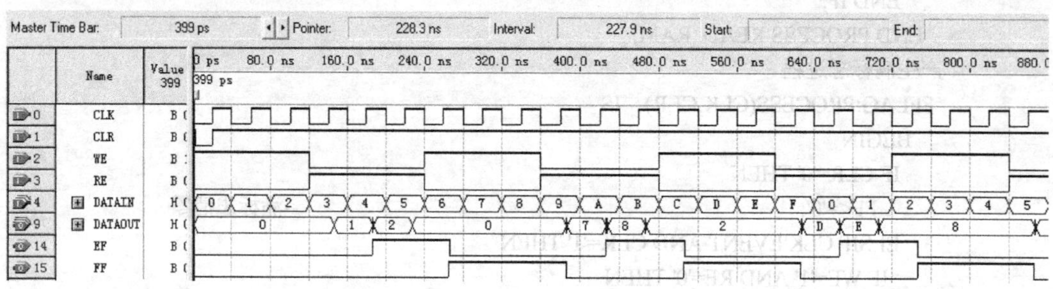

图 5-13　4×4 的 FIFO 仿真波形

5.5　实训　边沿 JK 触发器的设计

1．实训目标

1）熟悉 VHDL 程序结构。

2）练习程序的编译与错误修改。

3）练习信号、变量和元件例化语句的应用。

4）能够利用波形图分析 VHDL 程序。

2．基本 JK 触发器的设计

1）分析设计题目。基本 JK 触发器只具有置 0、置 1、计数和保持 4 种基本功能，触发方式有时钟脉冲上升沿触发和下降沿触发两种，有较强的抗干扰能力。上升沿有效的边沿

JK 触发器状态表如表 5-7 所示。

表 5-7　上升沿有效的边沿 JK 触发器状态表

clk（时钟）	j	k	Q^{n+1}	说　明
0	×	×	Q^n	不是边沿，输出保持原状态
1	×	×	Q^n	
↑	0	0	Q^n	有效边沿，输出保持原状态不变
↑	0	1	0	有效边沿，输出状态和 j 相同（置 0）
↑	1	0	1	有效边沿，输出状态和 j 相同（置 1）
↑	1	1	$\overline{Q^n}$	有效边沿，输出状态翻转（计数）

2）实体的确定。实体是设计外部电路的端口。根据表 5-7 分析，应该有 clk、j、k 3 个输入端，一个 q 输出端，数据类型都可以使用标准逻辑位类型（STD_LOGIC）。实体的名称取 JK1。实体程序如下：

```
ENTITY  JK1  IS
    PORT ( clk ,j , k     : IN     STD_LOGIC;
                   q      : OUT    STD_LOGIC);
END   JK1 ;
```

3）结构体的确定。结构体描述设计实体内部结构和实体端口之间的逻辑关系，是实体的一个组成单元。为了描述表 3-4 所示的逻辑关系，要使用选择控制语句（IF 语句），还需要一个进程语句来执行 clk、j、k 的变化。由于输出方向定义为 OUT 的信号 q 不能出现在赋值语句的右侧，无法描述触发器的计数状态，需要设置一个临时信号，信号的声明需要放在结构体中。程序如下：

```
ARCHITECTURE  a  OF  JK1  IS                 --结构体的名称是 a
  SIGNAL   tmp   :STD_LOGIC;                 --临时信号 tmp 的声明
BEGIN
  PROCESS(clk,j,k)                           --敏感信号 clk、j、k
    BEGIN
   IF clk'EVENT AND clk='1' THEN             --判断时钟上升沿
    IF j='0' AND k='0' THEN tmp<=tmp;        --保持
      ELSIF j='0' AND k='1' THEN
       tmp <='0';
      ELSIF j='1' AND k='0'   THEN
       tmp <='1';
      ELSE   tmp <=NOT tmp;                  --计数
    END IF;
   END IF;
   q<= tmp;
  END PROCESS;
END a;
```

4）库和程序包的确定。由于实体中定义的信号类型不是 VHDL 默认类型，需要调用 IEEE 库中的 STD_LOGIC_1164 程序包，而且要放在实体的前面。程序如下：

```
LIBRARY IEEE;                              --调用 IEEE 库
  USE IEEE.STD_LOGIC_1164.ALL;              --打开程序包
```

5）波形仿真。编辑的程序文件通过编译后，可以进行波形仿真，基本 JK 触发器波形如图 5-14 所示。

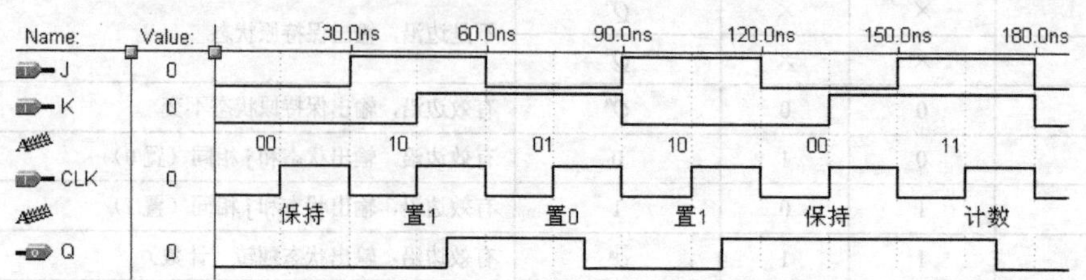

图 5-14　基本 JK 触发器波形

3. 异步复位、同步置位 JK 触发器的设计

1）分析设计题目。异步复位是只要复位端有效，不需要等时钟的有效边沿到来就立刻使触发器清零，即输出为 0。同步置位是指置位端有效，还需等待时钟的有效边沿到来，才能使触发器置位，即输出为 1。若复位端与置位端同时有效，则复位优先，输出为 0。可以在基本 JK 触发器的基础上设计。

2）实体的确定。实体的名称取 JK2。需要添加复位（clr）、置位（prn）两个输入端，低电平有效，数据类型使用标准逻辑位类型（STD_LOGIC）。实体程序如下：

```
ENTITY  JK2  IS
  PORT ( clk , j , k       : IN    STD_LOGIC;
          clr , prn        : IN    STD_LOGIC;
                  q        : OUT   STD_LOGIC);
END  JK2 ;
```

3）结构体的确定。异步复位与时钟有效边沿无关，可以放在边沿检测语句之前；同步置位在时钟有效边沿到来才起作用，可以放在边沿检测语句之后。另外，也可以把信号 tmp 设置成变量，但变量的声明需要放在进程中。输出保持原有状态也可以用 NULL（空操作）表示。程序如下：

```
ARCHITECTURE  a  OF  JK2  IS
BEGIN
  PROCESS(clk,j,k)
    VARIABLE  tmp  : STD_LOGIC;
  BEGIN
    IF clr='0' THEN
     tmp：='0';
    ELSIF  clk'EVENT AND clk='1' THEN                --边沿检测
     IF prn='0' THEN tmp ：='1';
      ELSIF j='0' AND k='0' THEN NULL;               --保持原有状态
      ELSIF j='0' AND k='1' THEN
       tmp ：='0';
      ELSIF j='1' AND k='0'  THEN
```

```
          tmp  :  ='1';
        ELSE tmp  :  =NOT tmp;
        END IF;
      END IF;
    q<= tmp;
  END PROCESS;
  END a;
```

4）库和程序包的确定。实体中的信号类型与基本 JK 触发器相同，结构体中没有特殊的运算符，因此，库和程序包也与基本 JK 触发器相同。程序如下：

```
LIBRARY IEEE;
  USE IEEE.STD_LOGIC_1164.ALL;
```

5）波形仿真。编辑的程序文件通过编译后，可以进行波形仿真，异步复位、同步置位的 JK 触发器波形如图 5-15 所示。

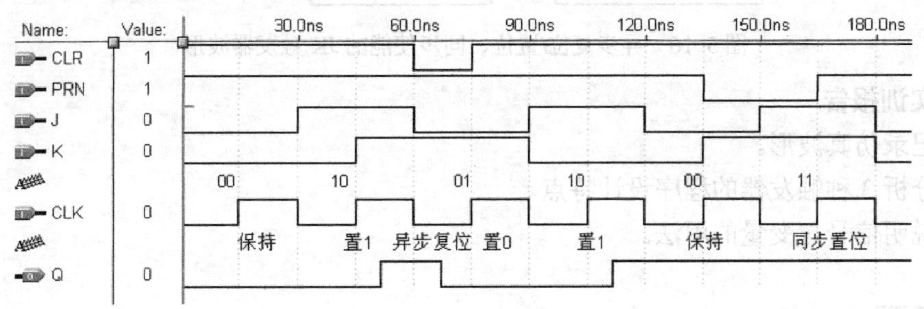

图 5-15　异步复位、同步置位的 JK 触发器波形

4．异步复位/置位、同步使能 JK 触发器的设计

1）分析设计题目。使能是指当使能端有效时，触发器才能够开始工作；当使能端无效时，触发器保持原有状态。库 Altera 内的程序包 MAXPLUS2 中的 JKFFE 元件描述了一个异步复位/置位、同步使能的 JK 触发器，符号是 JKFFE。可以利用元件例化语句，通过引脚匹配将 JKFFE 的各端口与本次设计的实体端口连接起来，即可完成设计。

2）库和程序包的确定。不但要用到 IEEE 库，还要用到 Altera 库。程序如下：

```
LIBRARY IEEE;
  USE IEEE.STD_LOGIC_1164.ALL;
LIBRARY ALTERA;
  USE ALTERA.MAXPLUS2.ALL;
```

3）实体和结构体的确定。如果在实体中加入使能端 en，只需在结构体中使用元件例化语句即可。程序如下：

```
ENTITY JK3 IS
  PORT(j, k, clk,clr,prn,en      : IN    STD_LOGIC;
                       q         : OUT   STD_LOGIC );
END JK3;
ARCHITECTURE  a  OF  JK3  IS
```

```
    BEGIN
      exam: JKFFE
        PORT MAP (j=>j,k=>k,clk=>clk, clrn=>clr,prn=>prn, ena=>en, q=>q);
    END a;
```

4）波形仿真。编辑的程序文件通过编译后，可以进行波形仿真，异步复位/置位、同步使能的 JK 触发器波形如图 5-16 所示。

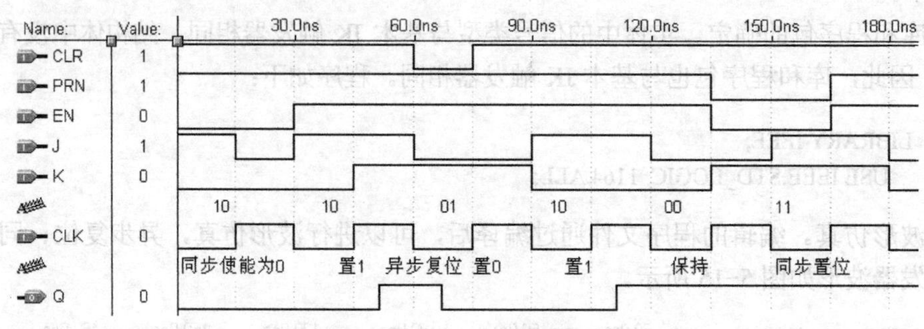

图 5-16　异步复位/置位、同步使能的 JK 触发器波形

5. 实训报告

1）记录仿真波形。

2）分析 3 种触发器的程序设计特点。

3）说明信号与变量的用法。

5.6　习题

1．设计一个等占空比的分频器，能够输出 10 分频和 18 分频信号。设时钟脉冲输入端为 CLK、复位端为 RESET；分频信号输出端为 DIV10 和 DIV18，实体名为 DOUBDIV。

2．设计一个 4×4 扫描键盘，按键为弹起式，已经过“去抖动”处理。要求数字键（0～9）和功能键（F_0～F_5）分别输出，并产生相应标志。设时钟脉冲输入端为 CLK、按键输入端为 KEYIN、扫描信号输入端为 SCAN；数字按键输出端为 DATAOUT、功能按键输出端为 FUNOUT、数字按键输出标志为 DFLAG、功能按键输出标志为 FFLAG，实体名为 SCANJP44。4×4 扫描键盘如图 5-17 所示。

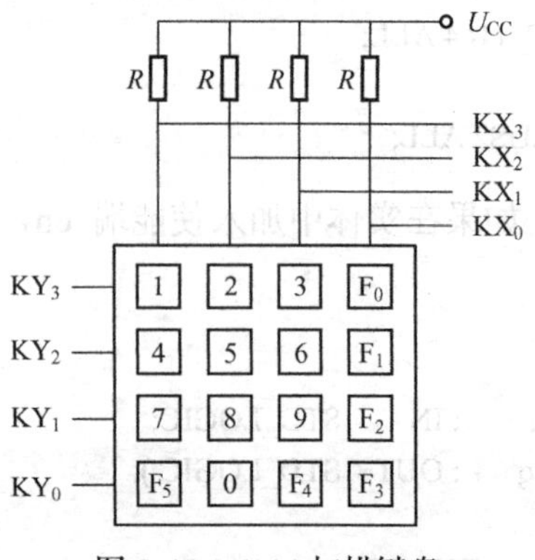

图 5-17　4×4 扫描键盘

3．设计一个静态显示器，能够驱动 1 个 7 段共阴极接法的数码管，将四位 BCD 译码器的输出静态显示成十六进制数码（0～9、A、b、C、d、E、F）。

4．设计一个 16×8 的 SRAM，即深度为 16、宽度为 8。设数据输入端为 DATAIN、数据输出端为 DATAOUT；存储的数据有 16 个，读写地址线四位即可（2^4=16），设读地址为 RADDR、写地址为 WADDR；读控制线为 RE、写控制线为 WE，实体名为 SRAM16。

5．设计一个异步清零、同步置数、带有计数使能控制的六十进制递增计数器。设时钟脉冲输入端为 CLK、异步清零端为 CLR、同步置数端为 LDN、计数使能端为 EN、置数数据输入端为 D、计数输出端为 Q。

第 6 章　数字系统设计项目实训

本章要点

- 数字系统 VHDL 程序设计
- 元件例化语句的应用
- 数字系统的仿真

6.1　数字频率计

6.1.1　项目说明

1. 任务书

设计一个能测量方波信号频率的简易数字频率计，测量结果用十进制数显示，测量的频率范围是 1～9999Hz，用 4 位数码管静态显示测量频率。

2. 计划书

1）阅读、讨论项目要求，明确项目内容。

2）研究设计方案，分析方案中的参考程序。

3）完成数字频率计的设计。

4）测量数字信号，计算频率计的误差。

6.1.2　设计方案

1. 项目分析

方波信号的频率就是在单位时间内产生的脉冲个数，表达式为 $f=N/T$，其中 f 为被测信号的频率；N 为计数器所累计的脉冲数；T 为产生 N 个脉冲所需的时间。计数器在 1 秒内所计的结果，就是被测信号的频率。简易数字频率计可以分为测频控制模块和译码显示模块两个部分，数字频率计系统框图如图 6-1 所示。

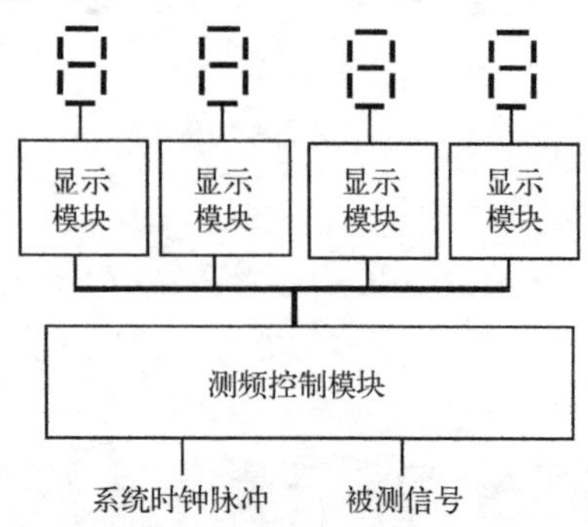

图 6-1　数字频率计系统框图

2．测频控制模块

该模块将 1Hz 的系统工作时钟脉冲两分频，取前半个周期产生脉宽为 1s 的控制时钟脉冲作为计数器的闸门信号，当控制时钟为上升沿（由低变高）时，开始计数；当控制时钟为下降沿（由高变低）时，输出计数值；最后还要在下次控制时钟上升沿到来之前，产生清零信号，将计数器清零，为下次计数作准备。设系统时钟脉冲为 CLK（1Hz），被测信号为 TEST，输出信号为 DOUT（16 位），文件名为 FREQ。参考程序如下：

```
LIBRARY IEEE;
 USE IEEE.STD_LOGIC_1164.ALL;
 USE IEEE.STD_LOGIC_UNSIGNED.ALL;
ENTITY FREQ IS
   PORT(TEST : IN STD_LOGIC;                    --被测信号
          CLK : IN STD_LOGIC;                   --系统时钟脉冲
        DOUT : OUT STD_LOGIC_VECTOR(15 DOWNTO 0));   --计数值
END ENTITY FREQ;
ARCHITECTURE ART OF FREQ IS
   SIGNAL CLR,EN:STD_LOGIC;                     --CLR 清零信号、EN 计数使能信号
   SIGNAL DATA:STD_LOGIC_VECTOR(15 DOWNTO 0);   --计数值寄存器，与 DOUT 对应
 BEGIN
   PROCESS(CLK,CLR,EN)   IS                     --产生宽度为 1 秒的闸门信号进程
    BEGIN
     IF CLK'EVENT AND CLK ='1' THEN     --检查 CLK 的上升沿
      EN<= NOT EN;
     END IF;
   END PROCESS;
 CLR<= NOT CLK AND NOT EN;                      --CLK 和 EN 同时为低电平时，产生清零信号
   PROCESS(TEST,CLR) IS                         --计数进程
    BEGIN
     IF CLR ='1' THEN DATA<="0000000000000000";           --清零
      ELSIF RISING_EDGE(TEST) THEN      -- RISING_EDGE 检查信号上升沿
      --下面的 IF 语句可以将十六进制数转换成十进制数
       IF DATA(11 DOWNTO 0)="100110011001" THEN DATA<=DATA+"011001100111";
        ELSIF DATA(7 DOWNTO 0)="10011001" THEN DATA<=DATA+"01100111";
         ELSIF DATA(3 DOWNTO 0)="1001" THEN DATA<=DATA+"0111";
       ELSE DATA<=DATA+'1';
       END IF;
     END IF;
   END PROCESS;
 PROCESS(DATA,EN) IS                            --控制时钟下降沿输出计数值进程
    BEGIN
     IF FALLING_EDGE(EN) THEN DOUT<=DATA;   -- FALLING_EDGE 检查信号下降沿
     END IF;
   END PROCESS;
 END ART;
```

3. 译码显示模块

译码显示部分采用共阴极 7 段数码管静态显示方式实现。可以使用第 5 章设计的静态显示器，也可以重新编写程序。设 4 位数据输入端为 D、7 位数码输出端为 S，文件名为 DISP。实体参考程序如下：

```
LIBRARY  IEEE;
  USE IEEE.STD_LOGIC_1164.ALL;
ENTITY  DISP  IS
  PORT ( D : IN    STD_LOGIC_VECTOR(3 DOWNTO 0);           --4 位数据输入端
         S : OUT   STD_LOGIC_VECTOR(6 DOWNTO 0));          --7 位数码输出端
  END DISP;
ARCHITECTURE A OF DISP IS
  BEGIN
    PROCESS(D)
    BEGIN
      CASE D IS
        WHEN "0000"=>S<="1111110";            --0
        WHEN "0001"=>S<="0110000";            --1
        WHEN "0010"=>S<="1101101";            --2
        WHEN "0011"=>S<="1111001";            --3
        WHEN "0100"=>S<="0110011";            --4
        WHEN "0101"=>S<="1011011";            --5
        WHEN "0110"=>S<="1011111";            --6
        WHEN "0111"=>S<="1110000";            --7
        WHEN "1000"=>S<="1111111";            --8
        WHEN "1001"=>S<="1111011";            --9
        WHEN OTHERS=>S<="0000000";            --其他状态不显示，数码管全暗
      END CASE;
    END PROCESS;
END A;
```

编译成功后，编辑波形进行仿真。如果仿真波形正确，就可以生成译码显示模块元件 DISP.BSF，以备其他文件调用。

6.1.3 项目实现

1. 顶层文件设计

顶层文件是系统的主文件，需要将系统的所有模块按照相互关系协调地连接起来。设计顶层文件可以采用原理图设计和文本设计两种实现方式，原理图设计方式需要将各个模块生成元件后，建立图形文件，调用并连接各个模块；文本设计方式采用元件例化语句连接各个模块。这里采用文本设计方式。

1）新建项目。在项目建立向导的“添加文件”对话框中输入 SDF.VHD（文件名），单击“Add”按钮，添加该文件；再单击“添加文件”对话框的 File name 右侧的按钮，选择 FREQ.VHD 文件所在的文件夹，选中 FREQ.VHD 文件，单击“Add”按钮，添加该文件；再次单击添加文件对话框的 File name 右侧的按钮，选择 DISP.VHD 所在的文件夹，选中

DISP.VHD 文件，单击“Add”按钮，添加 DISP.VHD 文件。

2）建立文本文件，编辑顶层文件设计程序。在程序实体中，定义整个系统的输入和输出，设系统时钟脉冲为 CLK（1Hz）、被测信号为 TEST，输出的显示信号为 S_0、S_1、S_2 和 S_3，分别接 4 个 7 段数码管；结构体中描述模块的连接关系，需要定义临时信号，代表模块之间的连线；文件名为 SDF。参考程序如下：

```
LIBRARY IEEE;
  USE IEEE.STD_LOGIC_1164.ALL;
ENTITY SDF IS
  PORT(TEST:IN STD_LOGIC;            --被测信号
       CLK:IN STD_LOGIC;             --系统时钟脉冲
       S0,S1,S2,S3:OUT STD_LOGIC_VECTOR(6 DOWNTO 0));       --显示信号
END ENTITY SDF;
ARCHITECTURE ART OF SDF IS
 COMPONENT FREQ IS                   --测频控制模块的例化声明
  PORT(TEST:IN STD_LOGIC;
       CLK:IN STD_LOGIC;
      DOUT:OUT STD_LOGIC_VECTOR(15 DOWNTO 0));
 END COMPONENT FREQ;
 COMPONENT DISP IS                   --显示模块的例化声明
  PORT (D : IN     STD_LOGIC_VECTOR(3 DOWNTO 0);
        S : OUT    STD_LOGIC_VECTOR(6 DOWNTO 0));
 END COMPONENT DISP;
 SIGNAL TEMPDOUT:STD_LOGIC_VECTOR(15 DOWNTO 0);             --定义临时信号
 SIGNAL TEMPD:STD_LOGIC_VECTOR(3 DOWNTO 0);                 --定义临时信号
  BEGIN
   U0:FREQ PORT MAP(TEST,CLK,TEMPDOUT);              --测频控制模块的端口映射
   U1:DISP PORT MAP(TEMPDOUT(3 DOWNTO 0),S0);        --显示模块的端口映射（个位）
   U2:DISP PORT MAP(TEMPDOUT(7 DOWNTO 4),S1);        --显示模块的端口映射（十位）
   U3:DISP PORT MAP(TEMPDOUT(11 DOWNTO 8),S2);       --显示模块的端口映射（百位）
   U4:DISP PORT MAP(TEMPDOUT(15 DOWNTO 12),S3);      --显示模块的端口映射（千位）
END ARCHITECTURE ART;
```

编译成功后建立波形文件，根据题意编辑输入信号的波形，设 CLK 为 1Hz，将被测信号分成不同频率的两个部分（设为 8Hz 和 24Hz），编辑完成并保存文件后进行仿真，数字频率计的仿真波形如图 6-2 所示。

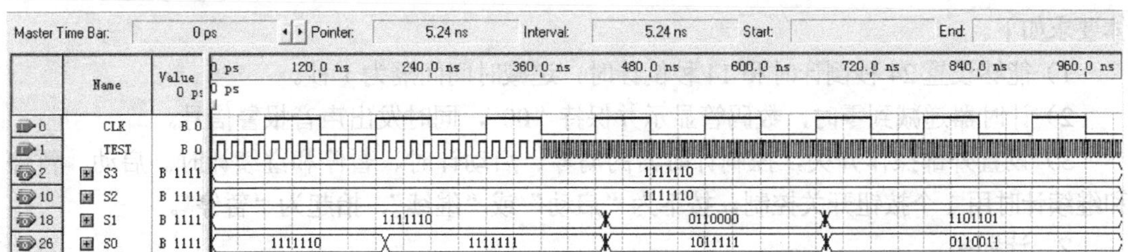

图 6-2　数字频率计的仿真波形

2．系统的硬件验证

系统通过仿真后，可根据 EDA 实验开发平台的实际情况，选择可编程逻辑器件，锁定引脚进行编程下载，在实验平台上测试系统的功能。使用 1 台低频函数信号发生器产生 1kHz 的方波信号，将该信号接 TEST 端，待数码管稳定显示后，记录其读数；改变信号发生器的输出方波频率，记录简易数字频率计的显示读数。

6.1.4 功能扩展与项目评价

1．功能扩展

在完成项目的任务要求后，考虑以下内容。

1）扩大频率测量范围。

2）通过改变闸门时间，提高测量精度。

3）增加测量信号周期的功能。

4）将输出的静态显示改为动态扫描显示。

2．项目评价

项目评价是在教师的主持下，通过项目负责人的讲解演示，评估项目的完成情况，评价内容如下。

1）项目的功能描述。

2）团队合作和任务分配情况。

3）频率计的设计完成情况。

4）频率计的操作和信号测量误差。

6.2 篮球比赛 24 秒计时器

6.2.1 项目说明

1．任务书

在 2008 年国际篮联修改的篮球比赛规则中，有一个关于“24 秒进攻”的规则，即从获取球权到投篮击中篮筐、命中、被侵犯（对方犯规）、球出界，其有效时间合计不能超过 24 秒，否则被判违例，将失去球权。另外，对非投篮的防守犯规、脚踢球或者出界球等判罚之后，如果所剩时间超过 14 秒（包括 14 秒），开球后继续计时；如果所剩时间少于 14 秒（不包括 14 秒），将从 14 秒开始计时。设计一个用两个数码管显示的篮球比赛 24 秒计时器，具体要求如下。

1）能够设置 24 秒倒计时和 14 秒倒计时，递减时间间隔为 1 秒。

2）计时器递减到零时，数码管显示并保持“00”，同时发出声音报警信号。

3）设置外部操作开关，控制计时器的清零、启动计时、暂停和继续计时。启动、暂停和继续计时用 1 个按钮开关控制，按下为“启动”或“继续”、抬起为“暂停”。

2．计划书

1）阅读、讨论项目要求，明确项目内容。

2）研究项目设计方案，分析参考程序。

3）编辑、编译和仿真参考程序，确定一个项目实现方案。

4）按照制定的实现方案，完成项目。

5）测试24秒计时器，评价性能和应用效果。

6.2.2 设计方案

1．项目分析

篮球比赛24秒计时器的主要功能是倒计时，工作人员按下“清零”按钮，显示24秒，这时按下“14 秒设置”键则显示 14 秒；按下“启动/暂停/继续”按钮，开始倒计时；计时过程中，抬起（再按1次即可）“启动/暂停/继续”按钮，计时暂停，保持显示时间；再次按下“启动/暂停/继续”按钮，从停止的时间开始继续计时；时间结束时显示 00，不再变化同时发出报警信号。整个系统可分为计时控制模块和显示控制模块两个部分，24秒计时器系统框图如图6-3所示。

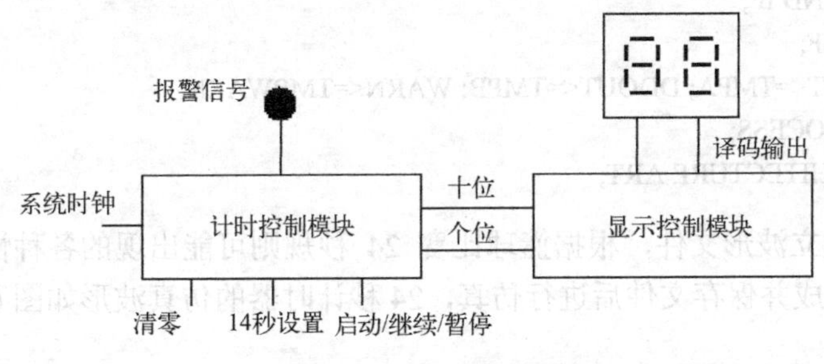

图6-3　24秒计时器系统框图

2．计时模块

计时模块完成 24 秒或 14 秒倒计时功能。设系统时钟为 CLK（1Hz）、14 秒预置端为PLD、启动/暂停/继续控制端为ENB、清零端为CLR；报警信号输出端为WARN、十位数字输出端为DDOUT、个位数字输出端为SSOUT，文件名为BSJSB。参考程序如下：

```
LIBRARY IEEE;
 USE IEEE.STD_LOGIC_1164.ALL;
 USE IEEE.STD_LOGIC_UNSIGNED.ALL;
ENTITY BSJSB IS
  PORT(CLR,PLD,ENB,CLK: IN STD_LOGIC;
       WARN: OUT STD_LOGIC;                              --报警信号
       DDOUT : OUT STD_LOGIC_VECTOR(3 DOWNTO 0);         --十位
       SSOUT : OUT STD_LOGIC_VECTOR(3 DOWNTO 0));        --个位
END ENTITY BSJSB;
ARCHITECTURE ART OF BSJSB IS
 BEGIN
  PROCESS(CLK,CLR,ENB) IS
    VARIABLE TMPA: STD_LOGIC_VECTOR(3 DOWNTO 0);
    VARIABLE TMPB: STD_LOGIC_VECTOR(3 DOWNTO 0);
    VARIABLE TMPWARN: STD_LOGIC;
  BEGIN
```

```
IF CLR='1' THEN TMPA:="0100"; TMPB:="0010"; TMPWARN:='0';
 ELSIF CLK'EVENT AND CLK='1' THEN
  IF PLD='1' THEN
   TMPB:="0001";TMPA:="0100";
  ELSIF ENB='1' THEN
   IF TMPA="0000" THEN
     IF TMPB/="0000" THEN
      TMPA:="1001";
      TMPB:=TMPB-1;
     ELSE
      TMPWARN:='1';
     END IF;
   ELSE TMPA:=TMPA-1;
     END IF;
    END IF;
END IF;
SSOUT<=TMPA; DDOUT<=TMPB; WARN<=TMPWARN;
 END PROCESS;
END ARCHITECTURE ART;
```

编译成功后建立波形文件，根据篮球比赛 24 秒规则可能出现的各种情况，编辑输入信号的波形，编辑完成并保存文件后进行仿真，24 秒计时器的仿真波形如图 6-4 所示。

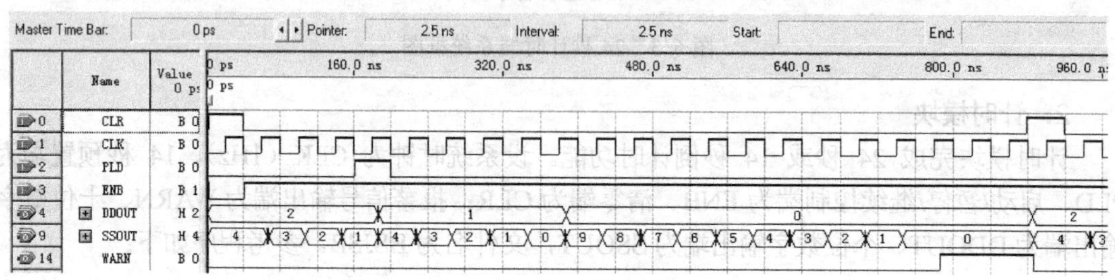

图 6-4　24 秒计时器的仿真波形

3．显示模块

由于用于显示的数码管较少，所以采用两个共阴极 7 段数码管静态显示方式实现。静态显示可使用简易数字频率计项目中设计的译码显示模块 DISP.VHD。

6.2.3　项目实现

1．顶层文件设计

这里采用元件例化语句连接各个模块的文本设计方式。

1）新建项目。在项目建立向导的“添加文件”对话框中输入 BASKCOUNT.VHD（文件名），单击“Add”按钮，添加该文件；再单击“添加文件”对话框的 File name 右侧的按钮，选择 BSJSB.VHD 文件所在的文件夹，选中 BSJSB.VHD 文件，单击“Add”按钮，添加该文件；再次单击“添加文件”对话框的 File name 右侧的按钮，选择 DISP.VHD 文件所在的文件夹，选中 DISP.VHD 文件，单击“Add”按钮，添加 DISP.VHD 文件。

2）建立文本文件，编辑顶层文件设计程序。在程序实体中定义整个系统的输入和输出，设系统时钟为 CLK（1Hz）、14s 预置端为 PLD、启动/暂停/继续控制端为 ENB、清零端为 CLR；报警信号输出端为 WARN、显示输出信号为 S_0 和 S_1，接两个 7 段数码管；结构体中定义两个临时信号，代表十位数字输出端 DDOUT 和个位数字输出端 SSOUT；文件名为 BASKCOUNT。参考程序如下：

```
LIBRARY IEEE;
 USE IEEE.STD_LOGIC_1164.ALL;
ENTITY BASKCOUNT IS
   PORT(CLR,PLD,ENB,CLK: IN STD_LOGIC;
         WARN: OUT STD_LOGIC;
         S0,S1:OUT STD_LOGIC_VECTOR(6 DOWNTO 0));
END ENTITY BASKCOUNT;
ARCHITECTURE ART OF BASKCOUNT IS
 COMPONENT BSJSB IS
   PORT(CLR,PLD,ENB,CLK: IN STD_LOGIC;
         WARN: OUT STD_LOGIC;
         DDOUT : OUT STD_LOGIC_VECTOR(3 DOWNTO 0);
         SSOUT : OUT STD_LOGIC_VECTOR(3 DOWNTO 0));
 END COMPONENT BSJSB;
 COMPONENT DISP IS
   PORT (D : IN     STD_LOGIC_VECTOR(3 DOWNTO 0);
           S : OUT   STD_LOGIC_VECTOR(6 DOWNTO 0));
 END COMPONENT DISP;
 SIGNAL TEMPDD:STD_LOGIC_VECTOR(3 DOWNTO 0);
 SIGNAL TEMPSS:STD_LOGIC_VECTOR(3 DOWNTO 0);
  BEGIN
   U0:BSJSB PORT MAP(CLR,PLD,ENB,CLK, WARN,TEMPDD, TEMPSS);
   U1:DISP PORT MAP(TEMPDD,S0);
   U2:DISP PORT MAP(TEMPSS,S1);
 END ARCHITECTURE ART;
```

编译成功后建立波形文件，根据题意编辑输入信号的波形，编辑完成并保存文件后进行仿真，篮球比赛 24 秒计时器的仿真波形如图 6-5 所示。

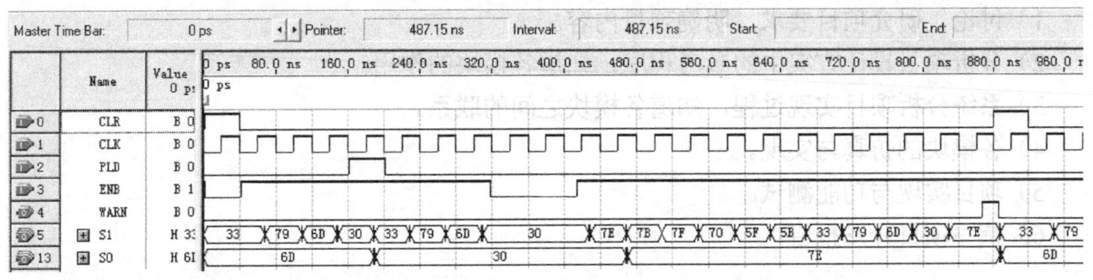

图 6-5　篮球比赛 24 秒计时器的仿真波形

2．系统的硬件验证

系统通过仿真后，选择可编程逻辑器件，锁定引脚，将篮球比赛 24 秒计时器编程下载到实验平台上的器件中，将实验平台上的开关按钮贴上标签，模拟篮球比赛的实际情况，操作计时器，评价其功能。

6.2.4 功能扩展与项目评价

1. 功能扩展

在完成项目的任务要求后，考虑以下内容。

1）增加 30 秒倒计时功能。

2）将计时精度提高到 0.1 秒以上。

3）倒计时的最后 5 秒，每减少 1 秒就发出 1 个提示信号。

2. 项目评价

项目评价是在教师的主持下，通过项目负责人的讲解演示，评估项目的完成情况，评价内容如下。

1）功能评价。篮球比赛计时器能否完成比赛计时、计时误差是多少和操作是否方便等方面。

2）设计方案评价。设计方案的可行性如何、复杂程度如何、消耗的硬件资源是多少和有无实用价值等方面。

3）设计程序评价。主要评价程序的可读性如何、算法是否简练和编写是否规范等方面。

4）演示过程评价。主要评价演示过程中操作是否熟练、回答问题是否准确等方面。

6.3 节日彩灯控制器

6.3.1 项目说明

1. 任务书

设计一个 12 路节日彩灯控制器，具体要求如下。

1）有复位按键。

2）能够手动选择快、慢两种闪动节奏。

3）彩灯按照 4 种自动循环变化的花型闪烁。

2. 计划书

1）讨论、研究项目要求，明确项目内容。

2）分析项目设计方案中的参考程序，知道各模块的作用。

3）系统分析项目实现过程，知道各模块之间的联系。

4）各模块的仿真与实现。

5）项目实现与功能测试。

6）撰写项目开发报告。

6.3.2 设计方案

1. 项目分析

1）整个系统应该有 3 个输入端和 12 个输出端，分别是系统复位信号输入端，设为

CLR；系统工作的时钟脉冲输入端，设为 CLK；彩灯闪动节奏手动控制输入端，设为 CHOSE；控制 12 路彩灯的输出端，设为 LED（共 12 位）。

2）彩灯工作的时钟脉冲频率高，彩灯闪动节奏快；频率低，彩灯闪动节奏慢。利用分频器将系统时钟脉冲 CLK 分成高低两个频率，由手动按键 CHOSE 选择输出频率，节奏快输出高频率、节奏慢输出低频率。

3）利用 4 个 12 位常数预定义 4 种花型，在花型状态信号的控制下运行；每种花型运行结束后，将另一种花型存入花型状态信号，这样实现花型的自动循环。

综上所述，整个系统可分成时序控制和显示控制两个模块，每个模块在复位信号的控制下工作，节日彩灯控制器系统框图如图 6-6 所示。

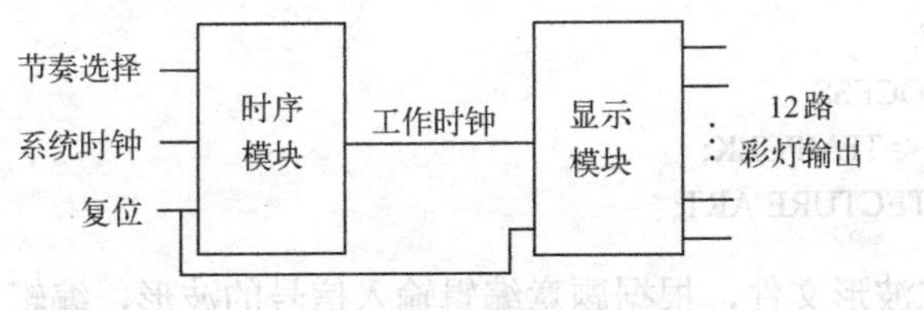

图 6-6　节日彩灯控制器系统框图

2．时序控制模块

在模块中设计 4 分频和 6 分频两个分频器，设 CHOSE=1 时，选择快节奏，时序控制模块 CLKOUT 输出系统时钟脉冲的 4 分频；CHOSE=0 时，选择慢节奏，时序控制模块 CLKOUT 输出系统时钟脉冲的 6 分频。模块的输入端口有 CLR（复位）、CLK（系统时钟脉冲）和 CHOSE（节奏选择）；输出端口为 CLKOUT（工作时钟脉冲）；文件名为 SXBLOCK。参考程序如下：

```
LIBRARY IEEE;
 USE IEEE.STD_LOGIC_1164.ALL;
 USE IEEE.STD_LOGIC_UNSIGNED.ALL;
ENTITY SXBLOCK IS
  PORT(CHOSE:IN STD_LOGIC;
       CLR,CLK:IN STD_LOGIC;
       CLKOUT:OUT STD_LOGIC);
END ENTITY SXBLOCK;
ARCHITECTURE ART OF SXBLOCK IS
  SIGNAL TEMPCLK:STD_LOGIC;
  BEGIN
    PROCESS(CLK,CLR,CHOSE) IS
     VARIABLE TEMP:STD_LOGIC_VECTOR(2 DOWNTO 0);
    BEGIN
      IF CLR='1' THEN    TEMPCLK<='0';TEMP:="000";
      ELSIF RISING_EDGE(CLK) THEN
        IF CHOSE='1' THEN
          IF TEMP="001" THEN              --计数到（N/2）-1（N=4）就清零
            TEMP:="000";
            TEMPCLK<=NOT TEMPCLK;
```

```
            ELSE
              TEMP:=TEMP+'1';
            END IF;
          ELSE
            IF TEMP="010" THEN               --计数到（N/2）-1（N=6）就清零
              TEMP:="000";
              TEMPCLK<=NOT TEMPCLK;
            ELSE
              TEMP:=TEMP+'1';
            END IF;
          END IF;
        END IF;
      END PROCESS;
    CLKOUT<=TEMPCLK;
END ARCHITECTURE ART;
```

编译成功后建立波形文件，根据题意编辑输入信号的波形，编辑完成并保存文件后进行仿真，时序控制模块的仿真波形如图 6-7 所示。

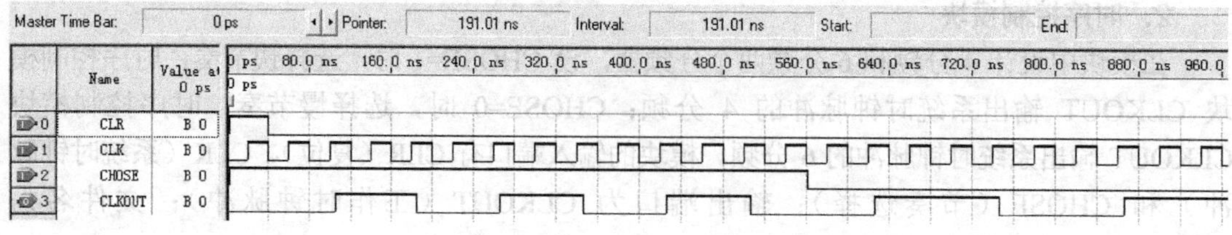

图 6-7　时序控制模块的仿真波形

3. 显示控制模块

在模块中定义 4 个常量（F0、F1、F2 和 F3），代表 4 种花型；自定义只有 5 种取值的枚举数组类型（STATE），用于记录当前的 4 种花型和 1 个高阻状态（复位状态）。模块的输入端口有 CLR（复位）、CLKIN（工作时钟脉冲）；输出端口为 LED（12 位）；文件名为 XSBLOCK。参考程序如下：

```
LIBRARY IEEE;
 USE IEEE.STD_LOGIC_1164.ALL;
ENTITY XSBLOCK IS
 PORT(CLKIN:IN STD_LOGIC;
        CLR:IN STD_LOGIC;
        LED:OUT STD_LOGIC_VECTOR(11 DOWNTO 0));
END ENTITY XSBLOCK;
ARCHITECTURE ART OF XSBLOCK IS
 TYPE STATE IS(S0,S1,S2,S3,S4);
  SIGNAL CURRSTATE:STATE;
  SIGNAL FLOWER:STD_LOGIC_VECTOR(11 DOWNTO 0);
 BEGIN
  PROCESS(CLR,CLKIN) IS
```

```
CONSTANT F1:STD_LOGIC_VECTOR(11 DOWNTO 0):="000100010001";
CONSTANT F2:STD_LOGIC_VECTOR(11 DOWNTO 0):="001100110011";
CONSTANT F3:STD_LOGIC_VECTOR(11 DOWNTO 0):="101010101010";
CONSTANT F4:STD_LOGIC_VECTOR(11 DOWNTO 0):="110100101101";
BEGIN
 IF CLR='1' THEN
   CURRSTATE<=S0;
  ELSIF RISING_EDGE(CLKIN) THEN
    CASE CURRSTATE IS
      WHEN S0=>
        FLOWER<="000000000000";
        CURRSTATE<=S1;
      WHEN S1=>
          FLOWER<=F1;
          CURRSTATE<=S2;
      WHEN S2=>
          FLOWER<=F2;
          CURRSTATE<=S3;
      WHEN S3=>
          FLOWER<=F3;
          CURRSTATE<=S4;
      WHEN S4=>
          FLOWER<=F4;
          CURRSTATE<=S1;
    END CASE;
 END IF;
END PROCESS;
 LED<=FLOWER;
END ARCHITECTURE ART;
```

编译成功后建立波形文件，根据题意编辑输入信号的波形，编辑完成并保存文件后进行仿真，显示控制模块的仿真波形如图 6-8 所示。

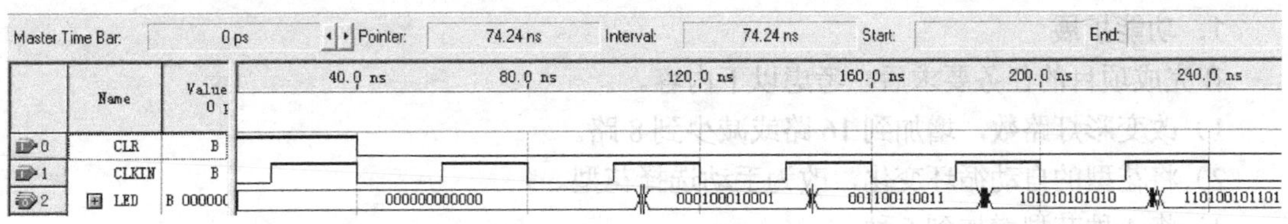

图 6-8　显示控制模块的仿真波形

6.3.3　项目实现

1．顶层文件设计

这里采用原理图设计方式。

1）分别在时序控制模块和显示控制模块项目下，生成时序控制模块元件（SXBLOCK.

BSF）和显示控制模块元件（XSBLOCK.BSF）。

2）新建项目。在项目建立向导的添加文件对话框中输入 JRCD.bdf（文件名），单击“Add”按钮，添加该文件；单击“添加文件”对话框的 File name 右侧的按钮，添加 SXBLOCK. VHD 文件；再次单击“添加文件”对话框的 File name 右侧的按钮，添加 XSBLOCK.VHD 文件。

3）建立图形编辑文件，调入相关元件，12 路节日彩灯控制器原理图如图 6-9 所示。

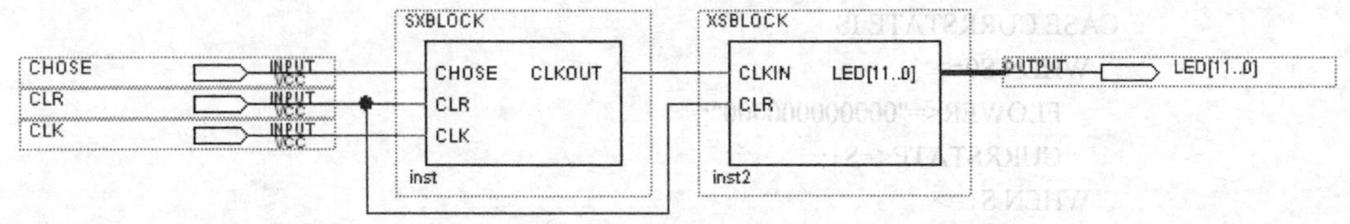

图 6-9　12 路节日彩灯控制器原理图

编译成功后建立波形文件，根据题意编辑输入信号的波形，编辑完成并保存文件后进行仿真，12 路节日彩灯控制器的仿真波形如图 6-10 所示。

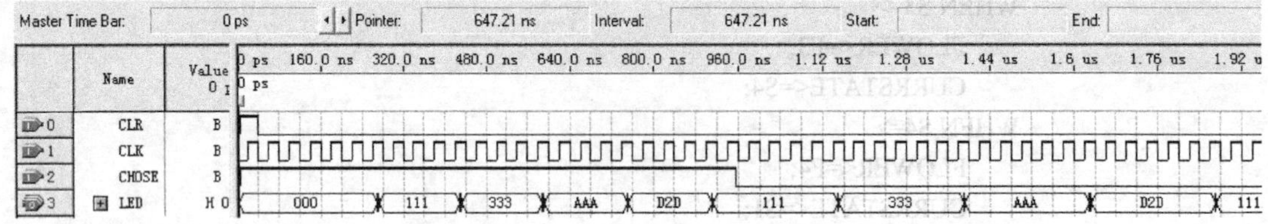

图 6-10　12 路节日彩灯控制器的仿真波形

2．系统的硬件验证

系统通过仿真后，可根据 EDA 实验开发平台的实际情况，选择可编程逻辑器件，锁定引脚进行编程下载，在实验平台上验证系统的功能。

6.3.4　功能扩展与项目评价

1．功能扩展

在完成项目的任务要求后，考虑以下内容。

1）改变彩灯路数，增加到 16 路或减少到 8 路。

2）将花型的自动循环变化，改为手动选择花型。

3）将 4 种花型增加到 6 种。

4）将彩灯闪动节奏增加到 3 种。

2．项目评价

评价重点是设计方案评价和研发报告的评价，主要评价以下几个方面。

1）功能评价。主要评价能否实现项目功能、操作是否方便等方面。

2）设计方案评价。主要评价设计方案的优势和缺陷，有无实用价值等方面。

3）研发报告评价。主要评价报告文档内容是否完整、分析是否全面、结构是否合理、文字是否通顺和编辑排版是否规范等方面。

4）论述答辩过程评价。主要评价答辩过程中思路是否清晰、回答是否简洁准确、语言是否流畅和对设计方案的不足有无认识等方面。

6.4 电子密码锁

6.4.1 项目说明

1．任务书

设计一个具有 4×3 扫描键盘（不需要“去抖动”）、4 个数码管动态显示，能够设置和输入 4 位密码的电子密码锁，具体要求如下。

1）每按下一个数字键，就输入一个数码，并在 4 个数码管的最右方显示出该数值，同时将先前输入的数据依序左移一位。

2）有数码清除键，按下该键可清除前面所有的输入数码，清除后数码管显示“0000”。

3）有密码设置键，在锁开的状态下，按下该键，会将当前数码管显示的数字设置成新密码。

4）有密码锁锁定键，按下该键可将密码锁上锁。

5）有密码锁开锁键，按下该键，会检查输入的密码是否正确，密码正确即开锁。

6）为保证密码锁主人能够随时开锁，设有万能密码（例如：3581），用于解除其他人设置的密码。

2．计划书

1）讨论、分析项目要求，明确项目内容。

2）检索阅读相关的参考资料，研究项目设计方案。

3）制订计划并分组后，实现设计方案中的各个模块。

4）完成项目并测试功能。

5）撰写项目开发报告。

6）项目演示、讲解设计方案，完成项目评价。

6.4.2 设计方案

1．项目分析

整个系统可分为输入模块、控制模块和显示模块 3 个部分，电子密码锁系统框图如图 6-11 所示。

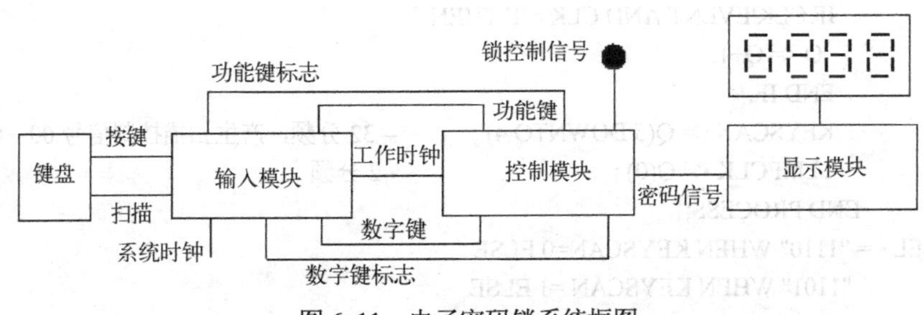

图 6-11　电子密码锁系统框图

2. 输入模块

输入模块外接的一个 4×3 矩阵式键盘，数字 0～9 作为密码数字输入按键，功能按键〈*〉作为密码锁锁定键，功能按键〈#〉作为密码锁开锁键/数码清除键，密码正确，开锁后清除输入的数码；密码不正确，不开锁直接清除输入的数码。输入模块需要产生键盘扫描信号和控制模块工作时钟信号，并对输入的按键信号进行译码。设系统时钟脉冲为 CLK（1kHz）、按键输入端为 KEYIN；键盘扫描信号输出端为 SCAN、数字按键输出端为 DATAOUT、功能按键输出端为 FUNOUT、数字键输出标志为 DF、功能键输出标志为 FF 和控制电路工作时钟输出端为 CLKOUT；文件名为 INPUTBLOCK。参考程序如下：

```
LIBRARY   IEEE;
  USE IEEE.STD_LOGIC_1164.ALL;
  USE IEEE.STD_LOGIC_ARITH.ALL;
  USE IEEE.STD_LOGIC_UNSIGNED.ALL;
ENTITY   INPUTBLOCK   IS
PORT (CLK : IN STD_LOGIC;                                        --系统时钟脉冲
      KEYIN : IN STD_LOGIC_VECTOR (2 DOWNTO 0);                  --按键输入
        SCAN : OUT   STD_LOGIC_VECTOR (3 DOWNTO 0) ;
    DATAOUT : OUT STD_LOGIC_VECTOR(3 DOWNTO 0) ;                 --数字输出
     FUNOUT : OUT STD_LOGIC_VECTOR(3 DOWNTO 0) ;                 --功能输出
          DF : OUT STD_LOGIC ;                                   --数字输出标志
          FF : OUT STD_LOGIC ;                                   --功能输出标志
     CLKOUT : OUT STD_LOGIC);                                    --控制电路工作时钟信号
END ENTITY INPUTBLOCK;
ARCHITECTURE ART OF INPUTBLOCK IS
  SIGNAL TEMPCLK : STD_LOGIC ;                              --控制电路工作时钟信号寄存器
  SIGNAL KEYSCAN : STD_LOGIC_VECTOR(1 DOWNTO 0);            --扫描控制信号寄存器
  SIGNAL N , F : STD_LOGIC_VECTOR(3 DOWNTO 0) ;             --数字、功能按键译码值的寄存器
  SIGNAL TEMPDF , TEMPFF : STD_LOGIC ;                      --数字、功能按键标志值的寄存器
  BEGIN
    COUNTER : BLOCK IS                                      --扫描信号发生块
      SIGNAL Q : STD_LOGIC_VECTOR(5 DOWNTO 0);
      SIGNAL SEL : STD_LOGIC_VECTOR (3 DOWNTO 0);           --扫描控制信号寄存器
       BEGIN
          PROCESS (CLK) IS
          BEGIN
          IF CLK'EVENT AND CLK ='1' THEN
            Q <= Q+1;
          END IF;
          KEYSCAN <= Q(5 DOWNTO 4) ;          -- 32 分频，产生扫描控制信号 00→01→10→11
          TEMPCLK <= Q(0) ;                   --2 分频
        END PROCESS;
  SEL <= "1110" WHEN KEYSCAN=0 ELSE
         "1101" WHEN KEYSCAN =1 ELSE
         "1011" WHEN KEYSCAN =2 ELSE
```

```
            "0111" WHEN KEYSCAN =3 ELSE
            "1111";
    SCAN <= SEL;                              --扫描信号 1110→1101→1011→0111
  END BLOCK COUNTER;
  KEYDECODER : BLOCK    IS                    --键盘译码块
    SIGNAL Z : STD_LOGIC_VECTOR(4 DOWNTO 0) ;              --按键信号寄存器
      BEGIN
        PROCESS(TEMPCLK)
          BEGIN
            Z <=KEYSCAN & KEYIN;
            IF TEMPCLK'EVENT    AND TEMPCLK = '1'    THEN
              CASE Z IS
                WHEN "11101" => N <= "0000" ;     --0
                WHEN "00011" => N <= "0001" ;     --1
                WHEN "00101" => N <= "0010" ;     --2
                WHEN "00110" => N <= "0011" ;     --3
                WHEN "01011" => N <= "0100" ;     --4
                WHEN "01101" => N <= "0101" ;     --5
                WHEN "01110" => N <= "0110" ;     --6
                WHEN "10011" => N <= "0111" ;     --7
                WHEN "10101" => N <= "1000" ;     --8
                WHEN "10110" => N <= "1001" ;     --9
                WHEN OTHERS      => N <= "1111" ;
              END CASE ;
            END IF ;
            IF TEMPCLK'EVENT    AND TEMPCLK = '1'    THEN
              CASE    Z IS
                WHEN "11011" => F <= "0100" ;                  --密码锁锁定键*
                WHEN "11110" => F <= "0001" ;                  --密码锁开锁键#
                WHEN OTHERS      => F <= "1000" ;
                END CASE ;
            END IF ;
          END PROCESS ;
        TEMPDF <= NOT ( N(3) AND N(2) AND N(1) AND N(0) ) ;
        TEMPFF <= F(2) OR F(0) ;
      END BLOCK KEYDECODER ;
    DATAOUT<= N;
    FUNOUT<= F;
    DF<= TEMPDF;
    FF<= TEMPFF;
    CLKOUT <= TEMPCLK ;
  END ARCHITECTURE ART;
```

编译成功后建立波形文件，根据题意编辑输入信号的波形，编辑完成并保存文件后进行仿真，输入模块的仿真波形如图 6-12 所示。

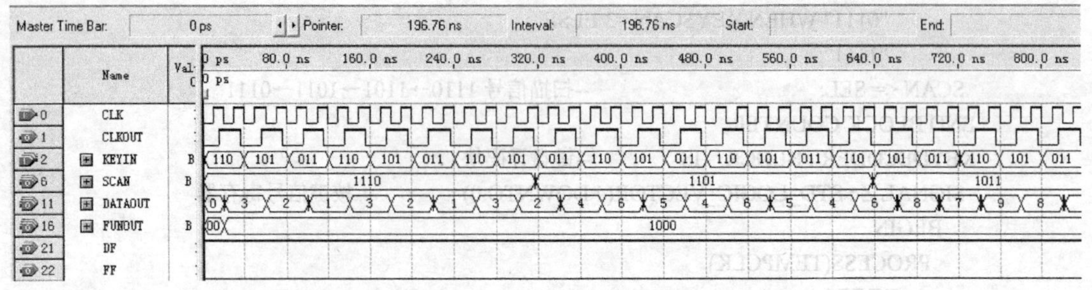

图 6-12 输入模块的仿真波形

3. 控制模块

控制模块包括按键数据的缓冲存储、密码的清除修改、密码核对、锁控制（锁定/开锁）和万能密码（3581）设置等部分，能够实现以下功能。

1）如果按下数字键，第 1 个数字会从数码管的最右端开始显示，此后每新按一个数字时，数码管上的数字必须左移 1 位，以便将新的数字显示出来。

2）要更改输入的数字，按功能键〈#〉清除所有输入的数字，再重新输入 4 位数。

3）当输入的数字超过 4 个时，电路不予理会，也不再显示第 4 个以后的数码。

4）在锁打开的状态下，输入一个 4 位的数字，按下密码锁锁定键〈*〉，可将密码锁锁定，并将输入的 4 位数字作为密码自动存储。

5）在锁锁定的状态下，输入一个 4 位数字，按下密码锁开锁键〈#〉，检查输入的密码是否正确，若密码正确则开锁；输入的密码不正确，不开锁并清除密码。

设工作时钟输入端为 CLKIN、数字按键输入端为 DATAIN、功能按键输入端为 FUNIN、数字键输入标志为 DFIN、功能键输入标志为 FFIN；锁控制信号 ENLOCK（1 锁定、0 开锁）和密码信号输出端为 KEYBCD；文件名为 CTRLBLOCK。参考程序如下：

```
LIBRARY IEEE;
 USE IEEE.STD_LOGIC_1164.ALL;
 USE IEEE.STD_LOGIC_ARITH.ALL;
 USE IEEE.STD_LOGIC_UNSIGNED.ALL;
ENTITY CTRLBLOCK IS
 PORT (DATAIN : IN STD_LOGIC_VECTOR(3 DOWNTO 0);
        FUNIN : IN STD_LOGIC_VECTOR(3 DOWNTO 0);
        DFIN : IN STD_LOGIC;
        FFIN : IN STD_LOGIC;
        CLKIN : IN STD_LOGIC;
        ENLOCK : OUT STD_LOGIC;
        KEYBCD : OUT STD_LOGIC_VECTOR (15 DOWNTO 0));
END ENTITY CTRLBLOCK ;
ARCHITECTURE ART OF CTRLBLOCK IS
 SIGNAL ACC, REG: STD_LOGIC_VECTOR (15 DOWNTO 0);   --ACC 用于暂存键盘输入的信息，REG 用于存储输入的密码
 SIGNAL NC: STD_LOGIC_VECTOR (2 DOWNTO 0);
 SIGNAL RR2, BB, QA, QB: STD_LOGIC;
 SIGNAL R1, R0: STD_LOGIC;
```

```
BEGIN
 PROCESS(CLKIN)                      --寄存器清零信号的产生进程
 BEGIN
  IF CLKIN'EVENT AND CLKIN='1' THEN
   R1<=R0; R0<=FFIN;
  END IF;
  RR2<=R1 AND NOT R0;
END PROCESS;
KEYINPUT : BLOCK IS                  --按键输入数据的存储、清零块
 SIGNAL RST, D0, D1: STD_LOGIC ;
 BEGIN
 RST <= RR2;
PROCESS(DFIN, RST) IS
 BEGIN
  IF RST = '1' THEN
   ACC <= "0000000000000000" ;       --按键输入数据清零
   NC <= "000" ;
  ELSE
   IF   DFIN'EVENT AND DFIN = '1'   THEN
    IF NC < 4 THEN
     ACC <= ACC(11 DOWNTO 0) & DATAIN ;      --按键输入数据左移
     NC <= NC + 1 ;
    END IF;
   END IF ;
  END IF ;
 END PROCESS ;
END BLOCK KEYINPUT ;
LOCKCTRL : BLOCK IS                          --锁定/开锁控制块
 BEGIN
 PROCESS(CLKIN, FUNIN) IS
  BEGIN
   IF (CLKIN'EVENT AND CLKIN = '1') THEN
    IF NC = 4   THEN
     IF FUNIN(2) = '1' THEN          --锁定控制信号（0100）有效
      REG <= ACC ;                   --密码存储
      QA <= '1' ;   QB <= '0';       --锁定
     ELSIF FUNIN(0) = '1' THEN       --开锁控制信号（0001）有效
      IF   REG = ACC THEN            --密码核对
       QA<= '0';   QB <= '1' ;       --开锁
      END IF ;
     ELSIF   ACC = "0011010110000001" THEN    --设置“3581”为万能密码
     QA <= '0' ;   QB<= '1';         --开锁
     END IF ;
    END IF;
   END IF ;
 END PROCESS ;
END BLOCK LOCKCTRL ;
```

```
    ENLOCK <= QA AND NOT QB ;          --输出锁定信号，1 锁定、0 开锁
    KEYBCD<= ACC ;                     --输出密码信息
  END ARCHITECTURE ART;
```

编译成功后建立波形文件，先编辑信号 DATAIN 的波形，依次输入 0～6，前 4 个“0123”就是密码，左移显示，以后输入的“456”不会显示；再编辑 FUNIN 的波形，在 DATAIN 输入 0～6 时，FUNIN 输入“1000”，表示没有按下功能键，然后输入“0100”表示按下锁定键〈*〉，这时密码锁输出信号 ENLOCK 应为高电平，表示密码锁锁定；间隔几个时钟周期后，给 DATAIN 输入“0123”，同时给 FUNIN 输入“1000”，表示没有按下功能键；在开锁密码输入完毕后，给 FUNIN 输入“0001”表示按下开锁键〈#〉，这时密码锁输出信号 ENLOCK 应为低电平，表示已经开锁，密码锁定和密码开锁操作的仿真波形如图 6-13 所示。

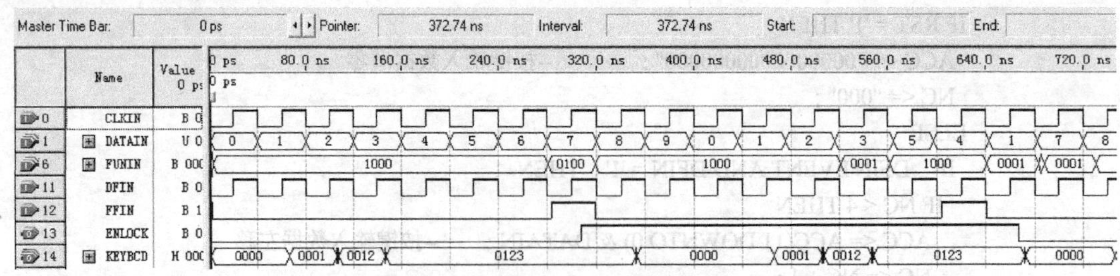

图 6-13　密码锁定和密码开锁操作的仿真波形

使用密码锁定和开锁操作成功后，仿真输入万能密码的情况。给 DATAIN 输入密码“0123”，给 FUNIN 输入“0100”，锁定密码锁；间隔几个时钟周期后，给 DATAIN 输入“3581”，再给 FUNIN 输入“0001”开锁，这时密码锁输出信号 ENLOCK 应为低电平，表示已经开锁，密码锁定和万能密码开锁操作的仿真波形如图 6-14 所示。

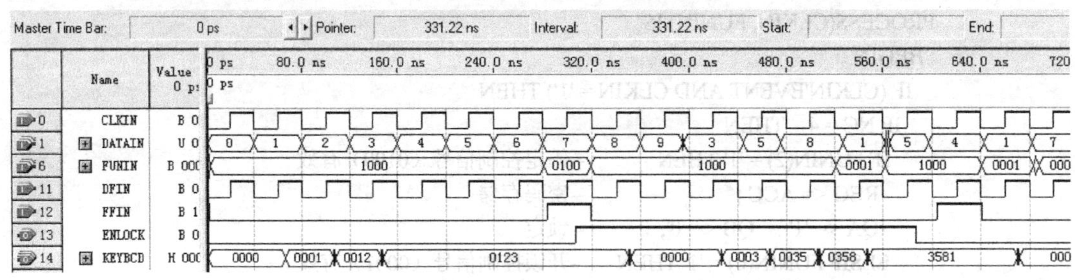

图 6-14　密码锁定和万能密码开锁操作的仿真波形

4．显示模块

采用 4 个共阴接法的 7 段数码管动态显示，可使用第 5 章的动态显示程序 DDISP.VHD。

6.4.3　项目实现

1．顶层文件设计

这里采用文本设计方式，文件名为 KEYLOCK。

1）新建项目。在项目建立向导的添加文件对话框中输入 KEYLOCK.VHD（文件名），单击“Add”按钮，添加该文件，然后依次添加输入模块 INPUTBLOCK.VHD 和控制模块 CTRLBLOCK.VHD；再单击添加文件对话框的 File name 右侧的按钮，添加第 5 章的动态显示程序 DDISP.VHD 文件。

2）建立文本文件，编辑顶层文件。实体中定义整个系统的输入和输出，设系统时钟脉冲为 CLK（1kHz）、按键输入信号为 KEYIN；键盘行扫描信号为 SCAN、锁控制信号为 ENLOCK、数码管选通信号为 COM、7 段数码管显示驱动端为 SEG；再定义几个临时信号，代表模块之间的连线。参考程序如下：

```
LIBRARY IEEE;
 USE IEEE.STD_LOGIC_1164.ALL;
 ENTITY KEYLOCK IS
   PORT (CLK    :   IN      STD_LOGIC;                          --系统时钟脉冲
          KEYIN : IN      STD_LOGIC_VECTOR (2 DOWNTO 0);        --按键输入
           SCAN : OUT    STD_LOGIC_VECTOR (3 DOWNTO 0) ;       --扫描信号
        ENLOCK : OUT STD_LOGIC;
            COM : OUT STD_LOGIC_VECTOR(3 DOWNTO 0);             --数码管的选通信号
            SEG : OUT STD_LOGIC_VECTOR(6 DOWNTO 0));
 END ENTITY KEYLOCK;
 ARCHITECTURE ART OF KEYLOCK IS
  COMPONENT INPUTBLOCK IS
   PORT (CLK : IN     STD_LOGIC;                                --系统时钟脉冲
        KEYIN : IN      STD_LOGIC_VECTOR (2 DOWNTO 0);          --按键输入
          SCAN : OUT    STD_LOGIC_VECTOR (3 DOWNTO 0) ;
     DATAOUT : OUT STD_LOGIC_VECTOR(3 DOWNTO 0) ;               --数字输出
       FUNOUT : OUT STD_LOGIC_VECTOR(3 DOWNTO 0) ;              --功能输出
           DF : OUT STD_LOGIC ;                                 --数字输出标志
           FF : OUT STD_LOGIC ;                                 --功能输出标志
       CLKOUT : OUT STD_LOGIC);                                 --控制电路工作时钟信号
   END COMPONENT INPUTBLOCK;
   COMPONENT CTRLBLOCK IS
    PORT (DATAIN : IN STD_LOGIC_VECTOR(3 DOWNTO 0);
           FUNIN : IN STD_LOGIC_VECTOR(3 DOWNTO 0);
            DFIN : IN STD_LOGIC;
            FFIN : IN STD_LOGIC;
           CLKIN : IN STD_LOGIC;
          ENLOCK : OUT STD_LOGIC;
          KEYBCD : OUT STD_LOGIC_VECTOR (15 DOWNTO 0));
    END COMPONENT CTRLBLOCK;
   COMPONENT DDISP IS
    PORT ( CLK : IN STD_LOGIC;
             A    : IN STD_LOGIC_VECTOR(3 DOWNTO 0);
             B    : IN STD_LOGIC_VECTOR(3 DOWNTO 0);
             C    : IN STD_LOGIC_VECTOR(3 DOWNTO 0);
             D    : IN STD_LOGIC_VECTOR(3 DOWNTO 0);          --A、B、C 和 D 为显示数据
          COM : OUT STD_LOGIC_VECTOR(3 DOWNTO 0);    --数码管的选通信号
```

```
            SEG : OUT STD_LOGIC_VECTOR(6 DOWNTO 0));  --数码管的显示驱动信号
    END COMPONENT DDISP;
    SIGNAL TMDAT : STD_LOGIC_VECTOR(3 DOWNTO 0);
    SIGNAL TMFUN : STD_LOGIC_VECTOR(3 DOWNTO 0);
  SIGNAL TMD : STD_LOGIC ;
  SIGNAL TMF : STD_LOGIC ;
  SIGNAL TMCLK : STD_LOGIC ;
  SIGNAL TMKEY : STD_LOGIC_VECTOR (15 DOWNTO 0);
    BEGIN
      U0: INPUTBLOCK PORT MAP(CLK,KEYIN,SCAN,TMDAT,TMFUN,TMD,TMF, TMCLK);
      U1: CTRLBLOCK PORT MAP(TMDAT,TMFUN,TMD,TMF,TMCLK, ENLOCK, TMKEY);
      U2: DDISP PORT MAP(TMCLK,TMKEY(3 DOWNTO 0),TMKEY(7 DOWNTO 4),TMKEY(11
                            DOWNTO 8), TMKEY (15 DOWNTO 12),COM,SEG);
  END ARCHITECTURE ART;
```

2．系统的硬件验证

系统通过仿真后，根据 EDA 实验开发平台的实际情况，选择可编程逻辑器件，锁定引脚进行编程下载。验证电子密码锁功能时，先输入数码，观察显示数码管，这时按动〈#〉键，能够清除输入的数码；再输入数码，数码能够左移显示，并且只显示前 4 个数码，记录这 4 个作为密码的数码，按动〈*〉键，锁控制信号应为高电平，表示密码锁锁定；输入记录的密码或输入万能密码（3581），按动〈#〉键，锁控制信号应为低电平，表示密码锁开锁，同时清除显示的密码。

6.4.4 功能扩展与项目评价

1．功能扩展

在完成项目的任务要求后，考虑以下内容。

1）增加密码位数。

2）输入的数码能够按位删除，而不是全部删除。

3）记录输入错误密码的次数，超过一定次数，发出报警信号，不再比较输入密码是否正确。

2．项目评价

评价重点是项目的研究能力和综合设计能力，主要评价以下几个方面。

1）信息获取和归纳能力。评价获取信息的数量、途径以及获取的信息质量，能否将获取的信息总结归纳。

2）方案的研究能力。能否找到系统设计的重点和难点，能否实现已有的设计方案，并指出其设计特点。

3）功能评价。主要评价密码锁使用是否方便、题目要求的功能能否实现和密码锁工作是否稳定可靠等方面。

4）研发报告评价。主要评价报告内容是否完整、对已有设计方案的分析和描述是否准确、实现方案有无创新、报告文字是否通顺和编辑排版是否规范等。

5）答辩过程评价。主要评价对设计方案的理解程度如何、思路是否清晰、回答问题是否准确和语言是否流畅等。

6.5 智力竞赛抢答器

6.5.1 项目说明

1. 任务书

设计一个可容纳3组参赛者的智力竞赛器，具体要求如下。

1）每组设置一个按钮供抢答使用。抢答器具有第一信号鉴别功能，用指示灯显示第一抢答者的组别。

2）设置一个主持人复位按钮，主持人按动复位按钮后，显示抢答组别的 3 个指示灯熄灭；主持人宣读题目，如果有选手提前抢答（对应的组别指示灯亮），视为犯规。

3）设置一个计时电路，由主持人可分别预先设置59秒、39秒和19秒3种答题时间，答题超时视为犯规。

4）每组设置一个计分电路，由主持人记分，答对一次加 1 分，答错和犯规不减分，但失去下一题的抢答机会；满分为9分，积满9分的选手本轮胜出，清零后开始下一轮抢答。

2. 计划书

1）讨论、分析项目要求，明确项目内容。

2）检索阅读相关的参考资料，研究项目设计方案。

3）制定计划并分组后，实现设计方案中的各个模块。

4）完成项目并测试功能。

5）撰写项目开发报告。

6）项目演示、讲解设计方案，完成项目评价。

6.5.2 设计方案

1. 项目分析

整个系统可分为第一信号鉴别模块、答题计时模块、计分模块和显示模块 4 个部分，智力竞赛抢答器系统框如图 6-15 所示。

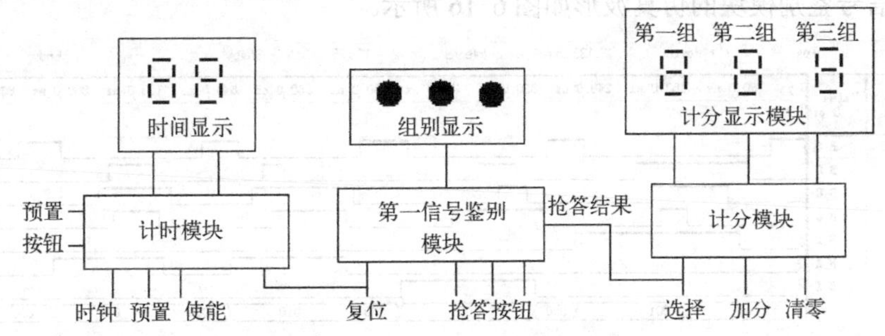

图 6-15 智力竞赛抢答器系统框图

2. 第一信号鉴别模块

3 组抢答理论上应该有 8 种可能情况，但由于芯片的速度非常快，两组以上同时抢答成功的可能性极小，因此可设计成只有 3 种情况，简化电路的复杂性。抢答按钮带自锁功能，按下即锁定，再次按下才能抬起。设复位端为RESET，抢答按钮分别为A、B和C；输出到组别显示的信号为 SA、SB 和 SC；输出到计分模块的抢答结果为 STATES；文件名为 XHJB。参考程序如下：

```
LIBRARY IEEE;
  USE IEEE.STD_LOGIC_1164.ALL;
ENTITY XHJB IS
    PORT(RESET:   IN STD_LOGIC;
          A, B, C:   IN STD_LOGIC;
          SA,SB,SC:   OUT STD_LOGIC;
          STATES:   OUT STD_LOGIC_VECTOR(2 DOWNTO 0));
END ENTITY XHJB;
ARCHITECTURE ART OF XHJB IS
    CONSTANT W1: STD_LOGIC_VECTOR:="001";
    CONSTANT W2: STD_LOGIC_VECTOR:="010";
    CONSTANT W3: STD_LOGIC_VECTOR:="100";
    SIGNAL W: STD_LOGIC_VECTOR(2 DOWNTO 0);
    BEGIN
     PROCESS(RESET,A,B,C) IS
      BEGIN
       IF RESET='1' THEN W<="000"; SA<='0';SB<='0'; SC<='0';
        ELSIF (A='1'AND B='0'AND C='0') THEN
         SA<='1';   SB<='0'; SC<='0'; W<=W1;
        ELSIF (A='0'AND B='1'AND C='0') THEN
         SA<='0';   SB<='1'; SC<='0'; W<=W2;
        ELSIF (A='0'AND B='0'AND C='1') THEN
        SA<='0';   SB<='0'; SC<='1'; W<=W3;
       END IF;
     STATES<=W;
    END PROCESS;
END ARCHITECTURE ART;
```

编译成功后建立波形文件，根据题意编辑输入信号的波形，编辑完成并保存文件后进行仿真，第一信号鉴别模块的仿真波形如图 6-16 所示。

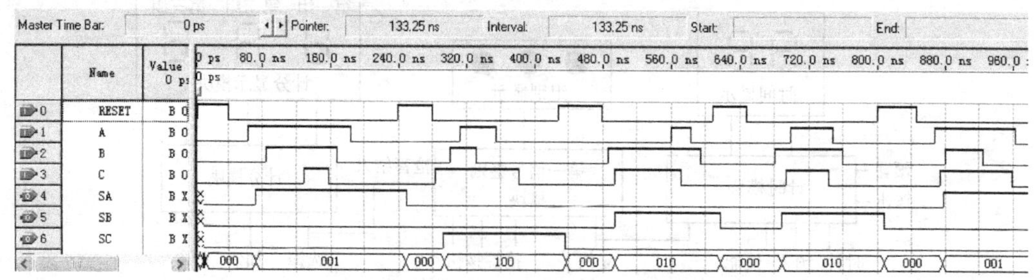

图 6-16　第一信号鉴别模块的仿真波形

3．计分模块

采用十进制加法计数器，主持人根据选手答题情况，按动加分按钮，每次可给答题组加 1 分；按动清零按钮，所有答题组的分数清零，开始下轮抢答。设清零端为 CLR、加分按钮为 ADD、选择端为 CHOSE；输出到计分显示模块的信号为 AA、BB 和 CC；文件名为

JFBLOCK。参考程序如下：

```
LIBRARY IEEE;
 USE IEEE.STD_LOGIC_1164.ALL;
 USE IEEE.STD_LOGIC_UNSIGNED.ALL;
ENTITY JFBLOCK IS
   PORT(CLR,ADD: IN STD_LOGIC;
          CHOSE: IN STD_LOGIC_VECTOR(2 DOWNTO 0);
       AA,BB,CC: OUT STD_LOGIC_VECTOR(3 DOWNTO 0));
END ENTITY JFBLOCK ;
ARCHITECTURE ART OF JFBLOCK IS
 BEGIN
   PROCESS(CLR,ADD,CHOSE) IS
     VARIABLE TEMPAA: STD_LOGIC_VECTOR(3 DOWNTO 0);
     VARIABLE TEMPBB: STD_LOGIC_VECTOR(3 DOWNTO 0);
     VARIABLE TEMPCC: STD_LOGIC_VECTOR(3 DOWNTO 0);
   BEGIN
     IF (ADD'EVENT AND ADD='1')   THEN
       IF CLR='1' THEN
           TEMPAA:="0000";
           TEMPBB:="0000";
           TEMPCC:="0000";
        ELSIF CHOSE="001" THEN
           TEMPAA:=TEMPAA+'1';
        ELSIF CHOSE="010" THEN
           TEMPBB:=TEMPBB+'1';
        ELSIF CHOSE="100" THEN
           TEMPCC:=TEMPCC+'1';
       END IF;
     END IF;
     AA<=TEMPAA;
     BB<=TEMPBB;
     CC<=TEMPCC;
   END PROCESS;
END ARCHITECTURE ART;
```

编译成功后建立波形文件，根据题意编辑输入信号的波形，编辑完成并保存文件后进行仿真，计分模块的仿真波形如图 6-17 所示。

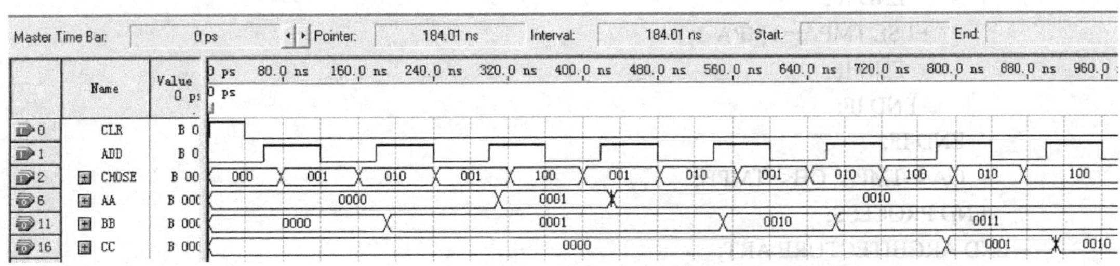

图 6-17　计分模块的仿真波形

4．计时模块

主持人复位后，按下预置按钮，可设置答题时间为 19 秒或 39 秒，若没有设置答题时间，则限定在 59 秒以内；抬起预置按钮，按下计时使能按钮，开始倒计时，时间结束时显示 00，直到下次按动复位键。设系统工作时钟为 CLK（1Hz）、复位端为 RESET、计时使能端为 EN、预置端为 LDN、预置按钮为 TA（19 秒）和 TB（39 秒）；输出的时间显示信号为 QA 和 QB；文件名为 JSBLOCK。参考程序如下：

```
LIBRARY IEEE;
 USE IEEE.STD_LOGIC_1164.ALL;
 USE IEEE.STD_LOGIC_UNSIGNED.ALL;
ENTITY JSBLOCK IS
  PORT(CLR,LDN,EN,CLK: IN STD_LOGIC;
       TA,TB: IN STD_LOGIC;
       QA: OUT STD_LOGIC_VECTOR(3 DOWNTO 0);
       QB: OUT STD_LOGIC_VECTOR(3 DOWNTO 0));
END ENTITY JSBLOCK;
ARCHITECTURE ART OF JSBLOCK IS
 BEGIN
  PROCESS(CLR,CLK) IS
   VARIABLE TMPA: STD_LOGIC_VECTOR(3 DOWNTO 0);
   VARIABLE TMPB: STD_LOGIC_VECTOR(3 DOWNTO 0);
  BEGIN
    IF CLR='1' THEN TMPA:="1001"; TMPB:="0101";
     ELSIF CLK'EVENT AND CLK='1' THEN
      IF LDN='1' THEN
       IF   TA='1'   THEN
          TMPB:="0001";
       END IF;
       IF   TB='1' THEN
        TMPB:="0011";
       END IF;
      ELSIF EN='1' THEN
       IF TMPA="0000" THEN
          IF TMPB/="0000" THEN
          TMPA:="1001";
           TMPB:=TMPB-1;
          END IF;
       ELSE TMPA:=TMPA-1;
          END IF;
        END IF;
    END IF;
    QA<=TMPA; QB<=TMPB;
  END PROCESS;
END ARCHITECTURE ART;
```

编译成功后建立波形文件，根据题意编辑输入信号的波形，编辑完成并保存文件后进行仿真，计时模块的仿真波形如图 6-18 所示。

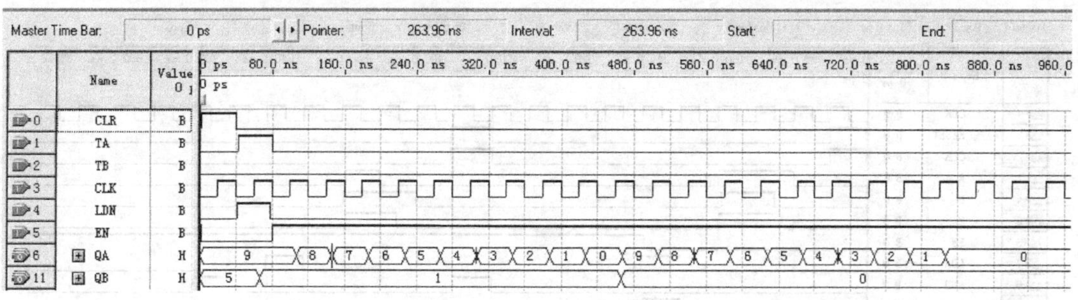

图 6-18 计时模块的仿真波形

5．显示模块

由时间显示、组别显示和计分显示模块组成，时间显示和计分显示采用 7 段数码管静态显示，可调用简易数字频率计中生成的译码显示模块元件 DISP.VHD；组别显示使用发光二极管。

6.5.3 项目实现

1．顶层文件设计

这里采用原理图设计方式，文件名为 ZLQDQ。

1）生成元件。将已经编译成功并通过波形仿真验证的第一信号鉴别模块、计分模块和计时模块分别生成元件，以备顶层文件调用。

2）新建项目。在项目建立向导的“添加文件”对话框中输入 ZLQDQ.bdf，单击“Add”按钮，添加该文件；再单击“添加文件”对话框的 File name 右侧的按钮，依次添加第一信号鉴别模块 XHJB.VHD、计分模块 JFBLOCK.VHD、计时模块 JSBLOCK.VHD 和译码显示模块 DISP.VHD。

3）建立图形编辑文件，调入相关元件，智力竞赛抢答器原理图如图 6-19 所示。

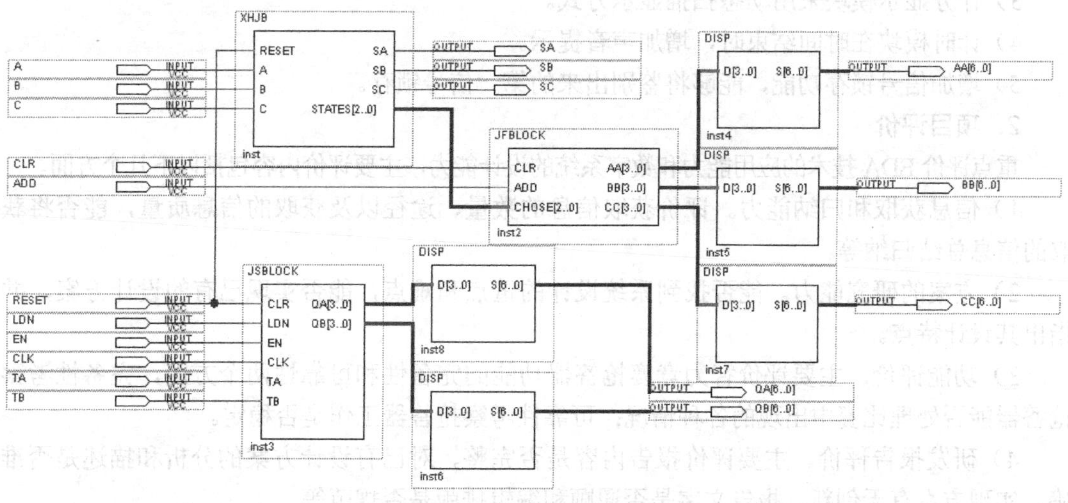

图 6-19 智力竞赛抢答器原理图

编译成功后建立波形文件，按照抢答时可能出现的各种情况编辑输入信号的波形，编辑完成并保存文件后进行仿真，智力竞赛抢答器的仿真波形如图 6-20 所示。

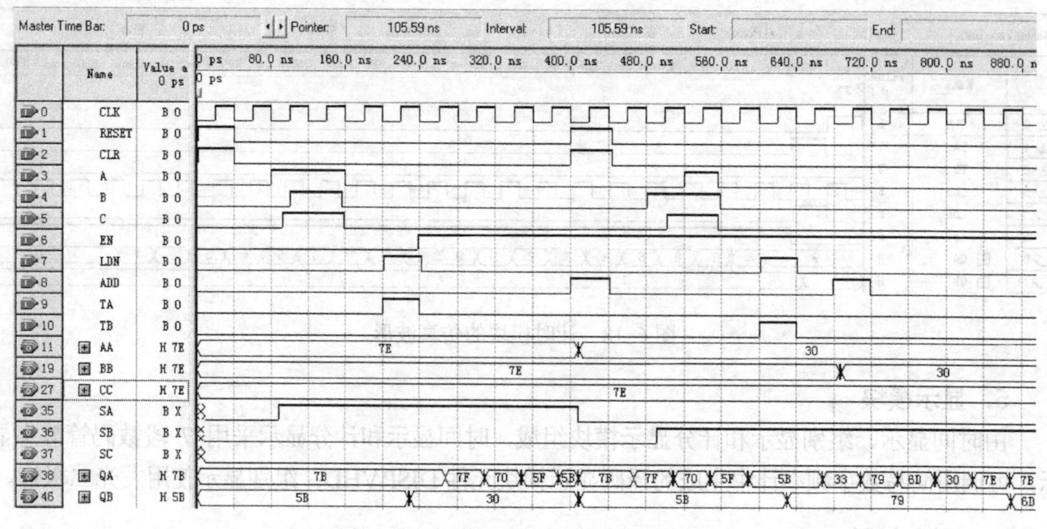

图 6-20　智力竞赛抢答器的仿真波形

2．系统的硬件验证

系统通过仿真后，可根据 EDA 实验开发平台的实际情况，选择可编程逻辑器件，锁定引脚进行编程下载，在实验平台上验证系统的功能。

6.5.4　功能扩展与项目评价

1．功能扩展

在完成项目的任务要求后，考虑以下内容。

1）参赛选手增加到 4 组。

2）计分模块增加减分功能。

3）计分显示模块采用动态扫描显示方式。

4）计时模块在时间结束时，增加声音提示。

5）增加信号锁存功能，能够将鉴别出来的第一信号锁存。

2．项目评价

重点评价 EDA 技术的应用能力和数字系统的设计能力，主要评价内容包括以下几个方面。

1）信息获取和归纳能力。评价获取信息的数量、途径以及获取的信息质量，能否将获取的信息总结归纳等。

2）方案的研究能力。能否找到系统设计的重点和难点，能否实现已有的设计方案，并指出其设计特点。

3）功能评价。主要评价智力竞赛抢答器功能的完备性和可靠性两个方面，完备性考察抢答器能否处理比赛中出现的各种情况；可靠性考察抢答器工作是否稳定。

4）研发报告评价。主要评价报告内容是否完整、对已有设计方案的分析和描述是否准确、实现方案有无创新、报告文字是否通顺和编辑排版是否规范等。

5）答辩过程评价。主要评价对设计方案的理解程度如何、思路是否清晰、回答问题是否准确和语言是否流畅等。

附录　软件电路符号与国标的对照表

名　　称	国 标 符 号	国外流行符号
与门	&	
或门	≥1	
非门	1	
与非门	&	
或非门	≥1	
异或门	=1	
同或门	⊕	
三态输出的非门	1 ▽ IN	
同步 RS 触发器	1S C1 1R	PRN S Q R CLRN
边沿（上升沿）JD 触发器	S 1D C1 R	PRN D Q CLRN
边沿（上升沿）JK 触发器	S 1J C1 1K K	PRN J Q K CLRN

参 考 文 献

[1] 潘松. EDA 技术实用教程[M]. 3 版. 北京：科学出版社，2012.

[2] 于润伟. 数字系统设计与 EDA 技术[M]. 北京：机械工业出版社，2014.

[3] 潘松，黄继业. EDA 技术与 VHDL[M]. 4 版. 北京：清华大学出版社，2013.

[4] 顾斌. 数字电路 EDA 设计[M]. 西安：西安电子科技大学出版社，2004.

[5] 谭会生，瞿遂春. EDA 技术综合应用实例与分析[M]. 西安：西安电子科技大学出版社，2004.

[6] J 帕尔默. 数字系统导论[M]. 陈文楷，徐萍萍，译. 北京：科学出版社，2002.

[7] 江国强. EDA 技术习题与实验[M]. 北京：电子工业出版社，2005.

[8] 宋万杰. CPLD 技术及其应用[M]. 西安：西安电子科技大学出版社，1999.

[9] 姜雪松，刘东升. 硬件描述语言 VHDL 教程[M]. 西安：西安交通大学出版社，2004.

[10] 于枫. ALTERA 可编程逻辑器件应用技术[M]. 北京：科学出版社，2004.